# Yettou Nour El Houda BAAKEK
# Imane BOUDJANI
# Oussama BOUREGUEBA

## Design and Development of a Medical Robot

Yettou Nour El Houda BAAKEK
Imane BOUDJANI
Oussama BOUREGUEBA

# Design and Development of a Medical Robot

## Integration of Biomedical and Remote Control functions via Bluetooth

**ScienciaScripts**

**Imprint**

Any brand names and product names mentioned in this book are subject to trademark, brand or patent protection and are trademarks or registered trademarks of their respective holders. The use of brand names, product names, common names, trade names, product descriptions etc. even without a particular marking in this work is in no way to be construed to mean that such names may be regarded as unrestricted in respect of trademark and brand protection legislation and could thus be used by anyone.

Cover image: www.ingimage.com

This book is a translation from the original published under ISBN 978-620-6-70092-0.

Publisher:
Sciencia Scripts
is a trademark of
Dodo Books Indian Ocean Ltd. and OmniScriptum S.R.L publishing group

120 High Road, East Finchley, London, N2 9ED, United Kingdom
Str. Armeneasca 28/1, office 1, Chisinau MD-2012, Republic of Moldova, Europe
Printed at: see last page
ISBN: 978-620-7-40932-7

# Contents

## Resume

Dans ce livre nous avons explique en detail comment realizer un robot medical aide- soignant pour fournir une assistance in the domaine de la sante . The robot is dote de fonctionnalites medical essential telles que, le transport des medicaments et du materiel de soins des infirmiers , la mesure de la temperature du malade , de la frequence cardiacaqueque (HR) et le taux d'oxygene dans le sang (SPO $_2$ ) grace a des capteurs biomedicaux . Notre objectif principal est de prodiguer des soins de maniere sure et efficace , et de reduire la transmission de l'infection dune personne a l'autre .

The robot can be controlled at a distance via Bluetooth technology utilisable An Android application, which improves the functionality , and reduces the charge for the work of personnel infirmier .

**Mots- cles :** robotmedical , control via Bluetooth, application Android, transport of medication, transport of material from medical examiners , measurement of temperature , measurement of HR, measurement of SPO $_2$ .

## ملخص

لقد شرحنا في هذا الكتاب بالتفصيل كيفية إنشاء روبوت م اعد طبي لتقديم الم اعدة في مجال الرعاية الصحية. وقد تم تجهيز الروبوت بالوظائف الطبية الأ ا ية مثل نقل الأدوية ومعدات التمريض وقياس درجة حرارة المريض ومعدل ضربات القلب (HR) وم توى الأكسجين في الدم (SPO2) با تخدام أجهزة الا تشعار الطبية الحيوية. هدفنا الأ اسي هو تقديم الرعاية بشكل آمن وفعال. والحد من انتقال العدوى من شخص لآخر .

يتم التحكم بالروبوت عن بعد عبر تقنية البلوتوث با تخدام تطبيق أندرويد، مما يح ن التتبع، ويقلل من عبء العمل على طاقم التمريض.

**الكلمات المفتاحية:** الروبوت، التحكم عبر البلوتوث، تطبيق أندرويد، نقل الأدوية، نقل معدات الرعاية التمريضية. قياس درجة الحرارة، قياس الموارد البشرية، قياس SPO$_2$.

# General introduction

Alors qu'on ne voyait les robots que dans les films, on ne s'attendait pas a ce que cela devienne une reality . Cependant , grace a la recherche scientifique et aux scientifiques en technology , les robots ont ete concretises in the world reel, couvrant de nombreux domaines , voire tous . It begins with industrial robots .

industrial robots sont des machines autonomouses Used in production and industrial manufacturing . Ils effectuent des taches repetitives , dangereuses or complexes with precision and efficiency , which improve the productivity of the companies . Ils sont largement utilises in various industrial domains , notamment l'automobile , l'electronique , et l'alimentation , pour des applications telles que l'assemblage , le soudage , la peinture et la manutention de materiaux .

The robots are equipped with articulated arms , captors and logic advances , ce qui leur permet de percevoir leur Environment and prendre of decisions en consequence. Ils offrent plusieurs avantages , tels que la reduction des erreurs , la securite accrue en eliminant les taches dangereuses pour les humans , ainsi que des economies de couts de main- d'reuvre .

The programming of the robot can be quite different manners , et de nouvelles technologiques tres advances telles que l'intelligence artificial and the vision by computer permanent d'ameliorer Leurs performances et leur interaction with les humains .

Parmi les domaines dans lesquels les robots ont fait leur entree, on trouve l'industry , l'agriculture , le domaine military , education , exploration spatiale , l'environnement , ainsi que le domaine de la sante , which constitutes the creator of the work, or a robot aide-soignant a Ete developpe pour faciliter les Taches dans le domaine de la sante .

Consequently, the realization of the robot needs to be completed d'assurer son bon fonctionnement . Pour this raison plusieurs questions peuvent etre poses sur les differents les stages essentials for concevoir , constructed and mettre en reuvre a robot de soins advanced , capable of providing services to patients as well as the delivery of medication and execution dequelques taches medicales , en Replacing the infirmiers , afin de minimiser les risks de propagation des viral infections , comme par exemple virus COVID- 19? Comment integrer des technologies de pointe pour Permettre au robot de detector et de se protector against the rayonnements nocifs , guaranteed ainsi la securite des patients et des professionnels de la sante ?

This depends on the conception and realization of a robot that functions on energy Solaire , jouant un role extremely important dans l'aide au secteur de la sante et la protection des travailleurs contrary toute infection virale grave. The robot transports the medicines to patients and controls a distance via a telephone. Il utilise l'energy solaire comme source d'alimentation , ce qui presente plusieurs avantages about the autonomy energetique , la reduction des couts operations and impact environnementally reduit . En plus de la livraison de medicaments. D'autres fonctionnalites seront ajoutees a ce robot, telles que la mesure de la temperature des patients, du taux d'oxygene dans le sang et des battements cardiaques . Cel livre est organization of the manners suivante :

The premier chapitre est consacre a la definition des types de robots et a leur role crucial et inevitable qui est devenu une necessite absolue dans certains domaines ou les robots ont impose leur domination, prouvant ainsi leur value and value legitimacy to aid the etres humans and souls . L'accent a ete particulierement mis sur le domaine de la sante et le role des robots dans celui -ci.

Le deuxieme chapitre identify tous les composants utilises pour fabriquer ce robot, sa methode de fonctionnement et les stages suivies pour realiser ce robot aide- soignant .
Le troisieme chapitre present the results finaux de ce travail qui a ete concrete on the terrain.
Nous concluons This is the result of a general conclusion that responds to all questions in this introduction to the work of the robot, its multiple functions and obstacles in addition to this event .

# Historique

The history of development scientific and technological Revele que l'invention des robots avait pour objectif premier de soutenir le travailleur humain dans le secteur industriel . L'histoire Register the premiere utilization real industrial robot in one factory , produced by General Motors in 1961. The robot is called " Unimate " and is a ete use for the premiere fois dans one company du New Jersey aux Budgets -Unis.

Le succes d'Unimate a open the view of new progress in the domain of the robot Industrial , leading to the development of robots plus advances and polyvalents This PUMA was developed by Victor Scheinman in 1973, SCARA, DELTA. ...Etc.

Aujourd'hui , les robots industriels sont largement Used in various sectors across the world, improving the productivity , effectiveness , and security of the fabrication process.

April l'emergence des robots industriels , les robots domestics sont Apparus in les annees 1980, TomyDustbot etant the premier robot domestic development by the company Japanese Tomy in 1985. Dustbot etait a petit robot congu to help a nettoyer and collect the poussiere in the houses . It is equipped with a rotary brush for laying the surfaces and a room for storing the poussiere collectee . De nos jours , il est Devenu courant d'avoir a la maison un robot qui aspire, lave les vitres ou nettoie le sol de manneriere autonomous . Ces taches menageres peuvent etre Deleguees a des machines, ameliorant ainsi great comfort au quotidien .

April ce grand development in the domaine de la robotique , les experts ont realize une advance majeure in the domain of surgery , with the introduction of the robot surgical da Vinci developed by Intuitive Surgical, which a ete the premier a recevoir l'approbation for one utilization clinic en 1999. Le da Vinci The surgical system is a system robotic complexe qui permet aux surgiens d'effectuer des operations chirurgicales mini-invasives with a precision and a controle accrus . Le surgical systems da Vinci and ete use in the names specialites chirurgicales , tells que l'urologie , la gynecologie , la chirurgie cardiac surgery colorectale and two children . Il est largement use in the world of entier et a apporte des changements Significatifs in les surgical practices en offer une meilleurs visualization , a precision accrue and a recuperation plus rapid for the patients.

The COBOTS are robots collaborating congus pour travailler en cooperation with human beings , contrary to autonomous robots that function without human intervention . It premiered in Europe in 1999.

Dans le domaine military , the robot SWORDS (Special Weapons Reconnaissance and Surveillance Detection System) is a system robot military developed by Foster Miller and used by the army americaine depuis 2004. Il est congu comme une plateforme d'armes telecommandee , equipee de miscellaneous poor Telles que comme des mitrailleuses or des lance grenades .

Son objectif principal etait de soutenir les troupes sur le terrain en supplier une Capacitance of a distance in dangerous situations ou potentially hostiles. L'epee etait destinee a etre used for reconnaissance, surveillance and neutralization of mobile devices ennemies .

A l'ere du 21e siecle il convient de noter que le premier robot agricole au monde, connu sous le nom d'Oz , a ete introduction to the march relativement recemment , en 2013. Il assure des fonctions polyvalent Telles that the desherbage , the binage , the traction and the transport. Equipe d'a camera laser and d'un GPS, the functionne in mode quatre roues motrices et peut functionner jusqu'a dix heures par jour, mais Unique on a flat terrain and bien aligned . Les capacites d'Oz peuvent equal element s'etendre a la recolte des raisins, aux semis, a la taille des vergers, a la pulverization des cultures ou memes au replacement de travailleurs humains dans des taches plus fastidieuses . The object of Naio Technologies, fondee by Aymeric Barthes and Gaetan Severac en 2013, est d'accompagner et de soulager les taches meticulouses des agriculteurs plutot que de replacer total human work . Plus, the utilization of agricultural robots contribute to the reduction voire a la suppression of the products phytosanitary .

Les progresses de l'intelligence artificial ont conduit a l'emergence de robots capable of work and d'apprendre aux cotes des humans , comme les robots assistants personnels et les robots collaboratifs uses in the industry . Ces robots continuent d'evoluer et d'evoluer pour devenir de plus en plus intelligents , independents et polyvalents .

Aujourd'hui les robots sont utilises dans de nombreux domaines , de l'industrie a la recherche spatiale en passant par la medicine . C'est ce que nous avons Research a realizer in these theses, en create a robot aide- soignant Transporter des medicaments et des outils de soins pour les infirmieres , afin de les protectors de toute exposure to a un virus infectieux , notamment apres la pandemic de Covid-19, qui a coute la vie de nombreux travailleurs de ce sector . Afin de reduire ces cas et les disasters qui sont associations, ce robot assistant a ete cree pour les infirmieres , qui effectue equal element plusieurs Other words that measure the level d'oxygene dans le sang, les battements cardiaques et la temperature des patients. un capteur pour detecter les damages . Les rayons nucleares sont davantage utilises en medicine nuclear .

# PART I

# Generalites sur les robots

# Generalites sur les robots

## 1.1 Introduction

Les scientifiques ont longtemps research an alternative for human beings dangereuses et impossibles jusqu'a ce qu'ils atteignent la technology robotic .

Le terme robotic a It was published for the premiere by Asimov in 1941 [1].

La robotique It's a domain d'ingenierie et de science, englobant le genie electronique et mecanique ainsi que l'informatique . Elle regroupe the conception, the development , the control and the function of the robots. La robotique est basee sur quatre elements essentials :

- The motors that constantly work with robots deplace them .

- Des capteurs qui permetettent aux robots de detector leur environment .

- The algorithms qui permetettent aux robots de prendre des decisions fondees sur des bases de donnees .

- And the microcontrollers to implement the code copy or via l'intelligence artificial .

The work of robotics consist of the conception and the development of the robots capable d'accomplir des taches specifiques de facon autonomous ou en collaboration with l'homme . Les robotics peuvent work in diverse domains comme l'industry , la medicine , l'aide soignants , l'army , l'agriculture , l'exploration spatiale et bien d'autres . Ils doivent etre pleinement conscients de nombreux domaines afin qu'ils puissent comprendre et resoudre all the problems auxquels ils sont confronts the production and development of the robot.

Les robots nous permetettent d'ameliorer the quality and la productivite , de reduire les couts et la main- d'reuvre , d'assurer la securite des taches, and d'augmenter la capacite a Effectuer des actions impossibles et dangereuses pour l'etre humain .

La robotique est une science technologique modern qui cherche a resoudre de nombreux problem auxquels l'humanite est confrontee , with a haute perfectionnement et une great precision for accomplir les bags qui lui sont confiees . Currentment elle recoit one attention and one demande considerable in the names domaines .

## 1.2 Classification of the robot

Les robots d'aujourd'hui peuvent etre regroupes en six categories : Robots mobile autonomous (AMR), Vehicles and guidance automatique (AGV), Robots articules , Humanoides , Cobots et Hybrides .

### I.2.1 Robot mobile autonomous (AMR)

The Robot Mobile Autonome (AMR) performs multiple functions telles que l'inspection des stocks, le tri, la collecte des articles et la ventilation dans les usines . In le secteur de la sante , the person transports the medicines and the repas to the patient and equips the antimicrobial systems of disinfection to secure le lieux contamines , assurant ainsi la securite des agents de sante et les protegeant de la propagation des viral infections . Ils sont equal element Frequemment utilises in les grandes distributions for transporter des articles, organiser les etageres et les prix. Ils peuvent Equal transport of bagages in hotels and bookshelf of goods in rooms , which makes it easy for clients and workers . In e- commerce, it contributes to the management of entrees, collections and three colis .

The AMR is a mobile robot that is autonomous and works without human intervention ( see Figure I.1), thanks to the capturers , cameras and LIDAR (Light Detection And Ranging) technology . The terme lidar couvre une tres grande Variete de systems de mesure a distance par laser quii permetettent de cartographer leur environment . Afin de localiser le robot, ils ont utilise l'intelligence artificial appelee SLAM (Simultaneous Localization And Mapping) [2] qui lui permet de reperer en tout temps les obstacles ( qu'ils soient des personnes ou des barriers ) qui n't pas ete Prealablement draw in question, afin de les eviter .

Les avantages de ces robots est d'augmenter la productivite , de reduire la main- d'reuvre , d'economiser de l'espace et de faciliter le work, ainsi que de contribuer a reduire les risques et a eviter les errors . It helps to concentrate on the work of value Parce que ce robot est considere comme an alternative aux taches repetitives ennuyeuses et ardues . Ainsi , nous verrons bientot l'adoption de robots mobile autonomous Officially in various applications and memes in the houses .

Figure I.1: Robot mobile autonomous

### I.2.2 Vehicles a Guidage Automatic (AGV)

The AGVs are different vehicles autoguides , Se deplacant independence en Suivant un chemin prealablement trace ou programs , the appuie sur des trajectoires dedies contrary a AMR qui se deplacent avec toute autonomy . The AGV is a guide for the tigers and marques au sol.

The AGV works with three guidance systems : autoguide , laser guidance , and guidance infrared rouge .

### I.2.2.1 Autoguide (AGV)

Or the robot follows a specific path through a magnetic field created by this robot and an integrated wire in the sun ( see Figure I.2).

Figure I.1: Vehicle Autoguide .

### I.2.2.2 Guidage Laser (LGV)

CE systems est Use to localize the vehicles by laser radiation . The direction and distance of the equipment sont mesurees a partir d'un point fixe, ou il est connect to the emitter of the laser faisceau . In the mobile equipment , the laser faisceau receiver is available connecte . Le faisceau laser emits par l'emetteur Recognize the position and direct the equipment according to the point of reference ( see Figure I.3 ).

This technique est utilisee in les factories et les entrepots parce source It's precise and easy fonctionner in the environment complexes, courage Use GPS (Global Positioning System) to localize l'equipement mobile.

Figure I. 2: Vehicle with guidance laser

### II.2.2.3 Guidance infrared rouge

Le guidance infrared rouge est A popular technique Permettant au robot mobile autonomous de suivre un chemin mieux trace avec une grande Autonomy and is a system based on the capturers infrared rays for detecting the signs infrared rouges Emis par les marqueurs au sol.

Grace a power optical pouvant atteindre 750 mW , the Belagol.1 - this is the name of the house projecteur - genere une matrix of 5000 points distincts . This matrix est deformee par les obstacles rencontres par l'AGV ( qu'il s'agisse d'humains , d'objets ou d'autres AGV) and analysis by two infrared cameras , supplied ainsi deux angles de vue differents . Cela permet d'establishment une cartography en 3D de l'environnement du robot situe a distance de 1 a 3 meters . En combinant ces elements, le systems cree A vision stereoscopique active (ASV) that permeates the AGV de s'arreter ou de contourner les obstacles are necessary ( voir la Figure I.4).

Au-dela of the AGV, ce Composant and the system of vision stereoscopique active association peuvent equal element etre utilises for la reconnaissance faciale dediee au controle d'acces et au paiement par mobile, la measurement de volume de colis en logistique , la detection de gestes dans les applications de jeux, de domotique , etc [3].

Figure I.3: Guidance infrared rouge

### I.2.3 Robots articules

Les robots articules Sont des robots a bras articules qui contiennent des articulations rotatives pour imiter le movement du bras humain , actionsnes par des servomoteurs . Les robots a 6 axes ( voir la Figure I.5 (a)) sont les plus courage utilises , mais il existe Leveling the robots articules simples ( voir la Figure I.5 (b)) composes de deux axes et des robots complexes qui comportent dix axes ou plus et qui sont capable of working in space Restreints et d'acceder a des obstacles.

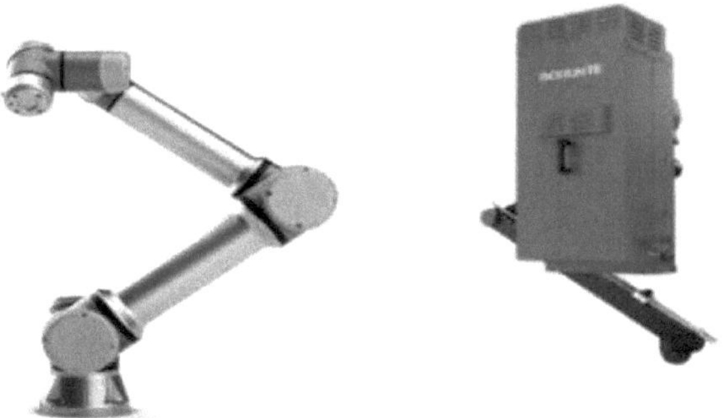

(    away)

Figure I.4: les robots articules , (a ) : robot articule a six axes, (b) : robot articule simple.

Les robots articules sont largement utilises in the industry and others consideres comme les plus flexibles et precis dans l'execution des taches. Ils sont utilises for la manutention, la soudure , l'assemblage et l'entretien des machines comme les SCARAs et DELTA.

Les SCARAs: ce robot est issu d'un partenariat between les companies Sonkya Seiki, Pentel, NEC and the University of Yamanashi. Il s'agit d'un robot d'origine japonaise , Le terme SCARA est The acronym of the Selective Compliant Assembly Robot Arm is traditionally

11

used for Robotics d'assemblage a mobilite selective ( Voir la Figure I.6 (a) ).Son espace de travail presente une form cylindrique . Il est courage selectionne en raison de sa grande precision, de sa rapidite d'action , de son encombrement reduit and de son rapport quality - prix attractif [4].

Les DELTA: The term "Delta Robot" tire is the name of the shape characteristics of the robot. Lorsqu'on observe the robot depuis le dessus, les motors sont positionnes at an angle of 120° for us in rapport aux other s . This triangular configuration of the engine cree the forme Delta, d'ou provide the name of your robot. The robots Delta are in relative relation to each other and sont principalement uses in the domains specifiques . En raison de ce manque de notoriete , de nombreuses possible restent encore inexploitees . An important aspect of ces robots est leur mecanique solid and resistant . Ils offrent A polyvalence exceptionnelle , ce qui permet une Utilization flexible with the temps of rotation courts.

Les robots Delta sont reconnus in the sector industriel pour leurs performances elevees . En fait , ce Sont les robots industriels les plus rapides disponibles . Si vous envisagez d'automatiser une line of production or si vous avez besoin A production plus rapid and flexible, the robots Delta are part of an excellent choice. Ils peuvent equal element etre utilises for le traitement , le positionnement and le placement of various products . ( Voir la Figure I.6 (b)) Ces robots sont courage utilises in les industries automobile, pharmaceutique , alimentaire et electronique [5].

(   away)

Figure I. 5: Types of robot articules , (a ) : robot SCARA, (b) : robot DELTA

*I.2.4 Robot humanoid*

Le robot humanoide This is a robot type une Apparence physique similaire a celle d'un etre humain . This type of robot is capable of executing the various functions humanes .

Recemment , a robot humanoid taken Figure 01 ( voir Figure I.7) a suscite une great controversy in raison de ses capacites innovative . Figure 01 a ete fondee en 2022 by Brett Adcock, who is equal fonde Archer Aviation Chain company effectue Actuellement des tests de vol sur un aeronef eVTOL commercial destine au transport de passengers . Au cours de la derniere Annee , the company recruits plus 40 engineers proven d'institutions de renom telles que IHMC, Boston Dynamics, Tesla, Waymo et Google X. Bon name de ces engineer possedent une Vast experience in robots humanoides ou autres systems autonomous **[6]**.

Ce robot a ete Congu pour work in the environment industrial complexes, prendre soin des personnes agees , effectuer des taches menageres , travailler dans des entrepots et des magasins , ainsi que pour des taches dangereuses . Il peut equal element Contributor a resoudre le problems de la penurie de main- d'reuvre . With a weight of 60 kg and a length of

1.70 m, the robot transports all the loads just 20 kg. His face is an ecran and his main sonts doigts et non des pinces qui peuvent effectuer des taches precises similaires a celles effectuees par les etres humains [7].

The object of the robot is designed to be the premier robot commercially viable in the world, accessible from the outside world reasonable . Le robot Figure 01 associe l'ingeniosite de la forme human and les capacites de 1'intelligence artificielle .

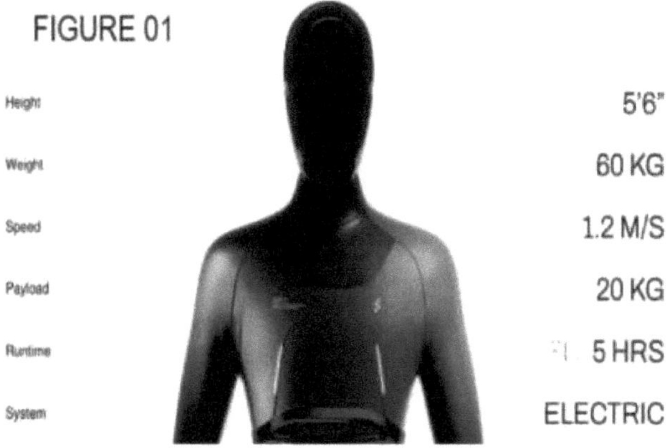


Figure I.6: Robot humanoid innovative took FigureOl

*I.2.5 Cobots*

Le terme « Cobots » a ete introduction for the premiere fois en 1999 [8].

Il s'agit d'un neologisme Forme a partir des mots «Cooperation» et « robotique ». And cobots It's a robot cooperative congu pour travailler en collaboration with the man , contrary to robots autonomously , which function without human intervention . Il est donc These robots are surgical devices that do not work functionner qu'avec l'intervention et les orders du surgienes . Une etude menee In 2016, by the researchers of prestigieux WITH a watch that the collaboration homme-robot etait 85% plus productive qu'un travailleur humain or a robot working hard [8].

Le Cobot presente de nombreux avantages , notamment un cout raisonnable qui le rend accessible de nombreux utilisateurs pour leurs taches en cooperation avec lui . Sat programming It's simple and easy. Il peut etre utilise en collaboration with human beings in domains tels que les sons de sante , les usines et les voitures.

The Cobot is present Generalement sous la forme d'un bras articule , equipe de capteurs et de cameras pour eviter les collisions qui pourraient causer des damages aux humains . Par example , like the Cobots est en fonctionnement et entre en contact with an object , the stop automatically .

Les robots cooperatifs different des robots industriels en Terms of work required by the operator . The industrial robots functional generalement sur des lignes de production constante , tandis que les Cobots peuvent s'adapter a des taches differentes et newes a chaque fois .

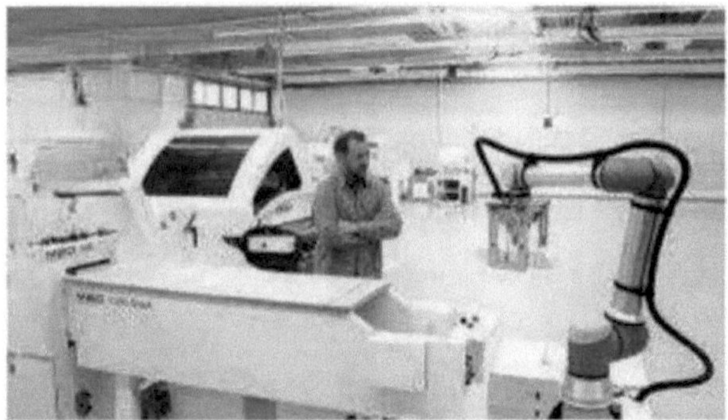
Figure I. 7: Robot Cobots in the medical domain

### *I.2.6 Robots hybrids*

Les robots hybrides comme leur nom l'indiquent , est une Combination of robots and organisms . Ils combinent des composants Electroniques and mechanics with muscles or neurons of animals or the insects . Ils peuvent equal element etre le fruit de la combinaison de deux ou Plusieurs types de technologies robotiques pour developper la qualite des robots, tout en Combining the characteristics of plush robots and a single robot. Les robots hybrides sont utilises en medicine for fabricating prostheses, among other applications.

An example of a robot hybrid This is the robot de nage Sofi, concn par le MIT Institute [9] ( voir Figure I.8). The robot is composed of various muscles of grenouille and motors vivants . Les robots hybrides ont le potential d'offrir des avantages dans diverse domaines , tels que la medicine , l'industry et l'exploration de l'espace . Ils peuvent etre plus efficaces et plus adaptes to the environment Specifiques que les robots purement electroniques ou mecaniques . Cependant , la recherche dans ce domaine est encore en cours , et des questions ethiques You can also use the components living in robots.

Figure I.8: Robot de nage Sofi qui concn par le MIT Institute

### I.3 Domains d'application de la robotique

Les robots sont devenus une technology Omnipresente de notre epoque, s'insinuant dans all les secteurs de la vie, sans exception. Les domaines les plus importants dans lesquels les robots ont emerge sont les suivants :

### *I.3.1 Industry*

Les etres humains sont souvenir replaces par des robots pour effectuer des taches ennuyeuses

, repetitives , dangereuses ou complexes, which require une great precision. Les robots sont capables d'executer ces travaux de maniere plus rapid , efficace et productive, generant ainsi Davantage de revenus pour les employeurs . In the industry , the robots are sont Used for manipulating the charges , assembling the pieces, effecting the sound and painting , as well as embedding the products ( see Figure I.9). The robots mobiles d'inspection dotes d'intelligence artificial sont equal element utilises in the environments plus complexes. The factory automobiles font appel aux robots pour jusqu'a 50% de leurs operations. An example d'utilisation des robots in l'industry est celui of the robot mobile autonomous .

Figure I 9: Different robots in the domain industrial

*I.3.2 Agriculture*

Les robots agricoles ont connu une proliferation significant, car le secteur agricole s'est de plus en plus tourne verse The use of robots for difficult and difficult tasks , permanent ainsi de les accomplir rapid and effective . Ces robots sont utilises in the culture and the recolte of the cultures agricoles , ainsi que dans la surveillance et les soins des cultures, tels que l'elagage , l'irrigation , le desherbage , la pulverization d'insecticides and d'engrais ( see Figure I.10).

Figure I.10: Robotics in the field agriculture

### 1.3.3 poor

Les robots ont equalization pris le controle du domaine military , ou ils Fournissent des services secrets in les missions d'espionnage ou de renseignement , ainsi que dans l'infiltration grace a leurs capteurs sophistiques . Ils sont equal element Used for surveillance and protection of sensitive sites tels que les zones de combat ou les zones des catastrophes naturelles . These robots are equipped with radars, sonars and infrared cameras to measure the distance between the objects stationnaires ou en mouvement , detecter les mouvements or les sources de chaleur .

Les robots sont equal element Used in the deminage to detect and eliminate the devices explosives , reduisant ainsi les risques pour les soldiers . Ils sont equal element Utilises for the transport of material and ammunition, as well as for the bags of research and cleaning . De plus, ils You have a crucial role in the medical supply , notamment en Fournissant des services de telemedicine et en Assurant le transport of blessings.

Figure L11: Robotique military

### 1.3.4 Spatial exploration

La robotique spatiale play a role essential in l'exploration spatiale en raison de l'incapacite des etres Humains a vivre ou a faire face aux defis qui s'y posen . Elle permet aux engineers and aux scientifiques d'explorer , de recueillir des donnees et d'etudier les characters Geologiques and climatiques of the planets , the etoiles on the surface of the moon, on the surface of the moon , are possible d'y establish une presence humane .

La robotique spatiale offer a gift to aux scientifiques d'explorer l'univers et d'autres corps celestes . Les robots sont Capable of men's missions of exploration in the environment extraterrestres hostiles without mettre en danger la vie des astronauts . Ils peuvent effectuer des taches complexes telles que la collecte d'echantillons , l'analyse de donnees et l'execution de missions scientifiques specifiques . La robotique spatiale permet ainsi d'obtenir des informations precieuses sur l'espace et ses objets celestes , contributor ainsi a notre comprehension de l'univers .

### 1.3.5 Civil and domestic use

Les robots ont Level of entry into the civil and domestic sphere assumant plusieurs roles autrefois devolus a l'homme . In the civil domain , the robots are sont utilises pour nettoyer les sidewalks, collecter les dechets and prendre soin les lieux publics. Au Level Domestique, Ils sont utilises in les maisons , ou ils jouent le role d'aspirateurs robots pour nettoyer les sols sans human intervention . Il exists The level of robots is capable of preparing food in the coupant , the melangeant , the petrissant and the cuisine of manners automatisee . Ils sont utilises for nettoyer les pools , les jardins and eliminate les plants nuisibles ou mortes afin de raviver l'esthetique du jardin .

Ces robots sont congus dans le but d'ameliorer la quality de vie en reduisant la charge de travail humane et en apportant une assistance in the bags of quotas . Ils offrent ainsi des solutions pour simplifier et faciliter les taches domestic et locales, contributor ainsi a l'amelioration du comfort and de la commodite dans la vie quotidienne .

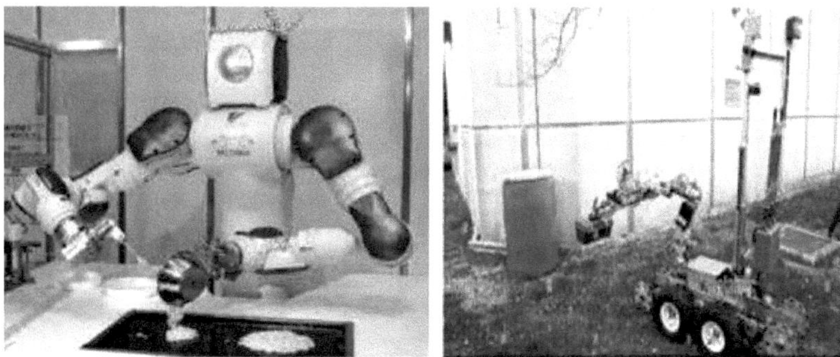

Figure I.12: Robots in the civil and domestic domains .

### 1.3.6 Services publics

Les robots offer desormais des services haut de gamme , avec des robots certifies utilises in les centers commercial , les hotels for the reception, ainsi que dans les restaurants for the livraison de nourriture et la preparation de boissons .

Les robots certify sont Devenus courants dans les centers commercial , ou ils peuvent Interagir with the clients, provide information on the products , and help with the management of the stock. Dans les hotels, les robots sont Utilises to accueillir les clients at the reception, provide information on the services of the hotel , and facilitate the registration and departure process . Dans les restaurants, les robots sont utilises pour la livraison de nourriture aux tables, ainsi que pour la preparation de boissons , notamment dans les chains de restauration rapide .

The utilization of robots in ces domaines offer de nombreux avantages , notamment une Efficacite accrue, a reduction of the error humans , and an amelioration of the experience client.

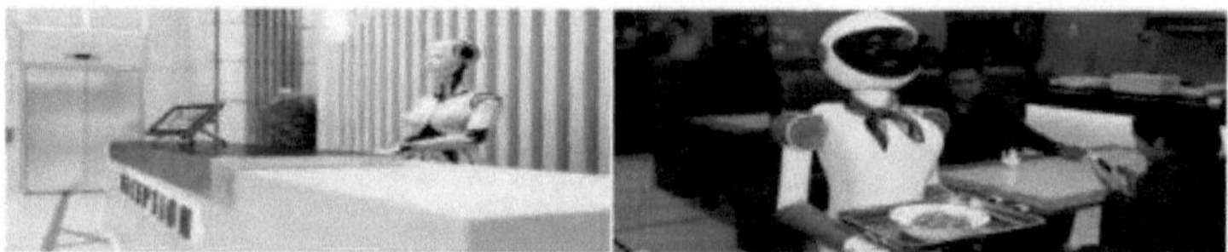

Figure I.13: Robots in the services of hotels and restaurants

### *I.3.7 Education*

Les robots ont connu a great success in the domaine de l'education , offered ainsi des opportunites d'apprentissage pour tous les students . They help a developer leurs competences personnelles telles que la communication, la collaboration, la resolution de problems , la pensee critique et la creativite au travail. De plus, ils contributor to the education of programming , technology and mathematics ludique et motivante . En outre , ils apportant une aide precieuse aux eleves ayant des besoins particuliers en leur fournissant des conseils et en facilitant la communication d'informations de maniere claire and accessible.

Ainsi , the robots offer d'importants Opportunities for the development of personnel competences and training in the science of the future , permanently ainsi aux etudiants de rester information about the dernier developments that produce in the world.

Figure I.14: les robots in the domaine de l'education

### *II.3.8 Environment*

The robots play a crucial role in the protection and preservation of the l'environnement, using non -seulement la detection of the forest fires by the capteurs of fire , mais Even the prediction of natural catastrophes is based on the net flow of the oceans, beaches and rivieres. The robot sous- marins sont equal element utilises pour collecter les dechets plastics and others polluants presents in the aquatic environment .

Grace a leur capacity a opera in the environment difficiles and accomplir des taches complexes, les robots sont devenus of the tool essentials in the preservation efforts of the environment . Leur Utilization continues a se development per dans ce domaine , ouvrant de new perspectives for la protection de notre planet and conservation of ses resources natural .

Figure I.15: Robots environnementaux

*I.3.9 Sante*

La sante est The domains in the robots are on the entrance door longtemps and continued d'etre accreditations ace jour . Leur Utilization se repand de maniere significant car elle contribute a reduire les errors et offre A plus great precision and efficiency , which increases the security of the patients.

robot applications are also important in the domain of the health sont :

*I.3.9.1 Robot-assistant surgical (RAC)*

The RAC plays an essential role en aidant les medecins a Effectuer des procedures chirurgicales avec une great precision, grace a leur stability accrue par rapport aux mains humanes lors d'operations complexes. Ainsi , la surgery mini-invasive est Rendue possible car les robots effectuent de petites incisions par rapport a la chirurgie ouverte traditionnelle , ce qui reduit les complications post- chirurgicales , la douleur et les saignements , permettant une guerison plus rapid . The premiere operation mini-invasive in France a ete realized with success en October 2016 at the Necker-Enfants malades hospital .

The surgical robots are distinguished egalement par leur capacity d'endoscopie 3D, quiur permet d'agrandir les tissus jusqu'a dix fois pour une meilleurs visibilite lors de l'intervention . In certain long-term surgical interventions , the robots can be used equal element etre controles a distance par les chirurgiens to reduce the fatigue physique, ce qui facilite la manipulation precise des instruments chirurgicaux et ils etaient assis .

Les robots sont Utilises in various domains of the surgery , tels que the surgery generale , la surgery colorectale , la surgery cardiac surgery orthopedique , l'urologie , la gynecologie , la rhinoplastie , la chirurgie de l'oreille et de la gorge, etc. Cependant , il est important de noter que les robots chirurgicaux sont congus to aid the medicines and sont diriges par ces derniers , et ne fonctionnent pas de manneriere autonomous . An example of robot surgical courage utilise This is the Da Vinci system (Figure I.16), developed by Intuitive Surgical, one enterprise americaine [11] , qui assiste les medecins dans des interventions complexes necessitant une grande precision grace a ses multiples bras robotiques .

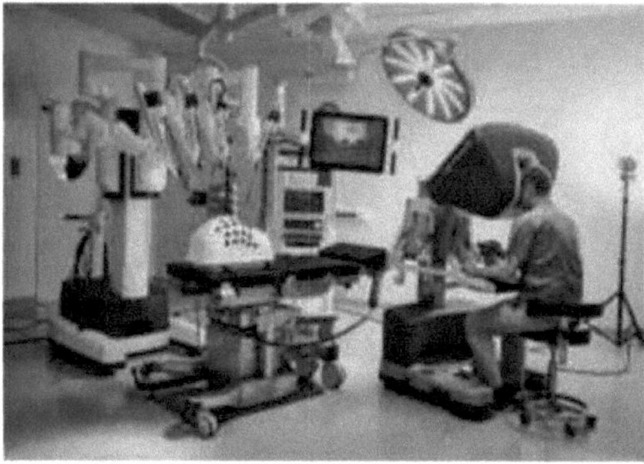

Figure I.16: the robot surgical Da Vinci

*I.3.9.2 Utilization of the robot in diagnostics and imaging medicale*

Dans ce domaine , les robots offrent une assistance precieuse aux radiologues en leur Permettant de manipuler les tools with precision and d'acceder aux zones difficiles d'acces . Les robots sont equal element Use the scanography acquisition procedures to replace the patient or the scanner d'obtenir des images de haute quality et precises. The role of the robot is est There is no evidence in the endoscopy robotique , ou ils contributor aux procedures de detection dans le corps en utilisant de petits instruments introduces par de petites incisions, grace a leur great precision that improves the diagnostic results .

Les robots sont equal element utilises pour analyzer les images medicales Telles that les radiographies, les scanners and les IRM, ainsi que pour la livraison automatisee d'equipements in les hopitaux , tels que les scanners et les appliances d'echography .

Les robots apportent leur soutien dans ce domaine en Permettant aux radiologues de gagner du temps et de se protector des rayons nocifs , car ce Sont les robots qui sont exposes a la place. Cela contributes a improve the precision and quality of the result diagnostics .

### 1.3.9.3 Technique de disinfection UV

Les salles d'hopital sont disinfectants for autonomous robots utilisant of the rayon ultraviolet.

UV disinfection technique exists deja , utilisee auparavant pour disinfecter l'eau potable, mais les humains doivent en etre prudents car elle peut endommager la peau et les yeux . Il a fallu quatre to la société Danoise UVD Robots for developing the UV disinfection system , and the robot a ete deploye sur le terrain en 2018. Ce robot necessite qu'un seul passage a travers la piece, car il scanne The environment aide de son lidar et cree A numerical card that automatically guides you Verse les pieces et les zones a disinfecter . Pour des raisons de security , ce robot functionne Lorsque les gens ne sont pas presents et est equipe de capteurs de movement qui le font s'arreter si quelqu'un entre dans son champ d'action . The process eliminates 99.99% of the germs , which means the yield plus effectiveness of the humans .

Ce robot a ete A solution parfaite for China during the pandemic of coronavirus, and the PDG of the company a envoye plus de robots to aid a Lutter against the virus [7] .

Figure I.17: UVD Robots

### 1.3.9.4 Tele-Robotic Intelligent Nursing Assistant (TRINA)

TRINA developed by the Zora Bots company [ 10 ] is an example of a robot accessory that can work for other people agees en les aidant with la mobilite , le bain , l'habillage , les loisirs et en leur Fournissant de la compagnie pour soulager la solitude des patients en fin de vie.

Ces robots sont equal element dune great aid for patients atteints de maladies chroniques comme le diabete et la maladie d'Alzheimer and the assistant to Gerer Leur alimentation, a faire de l'exercice et a surveiller leurs date medicaux . Ils assistant Equal to the injection and injection pressure with greater precision .

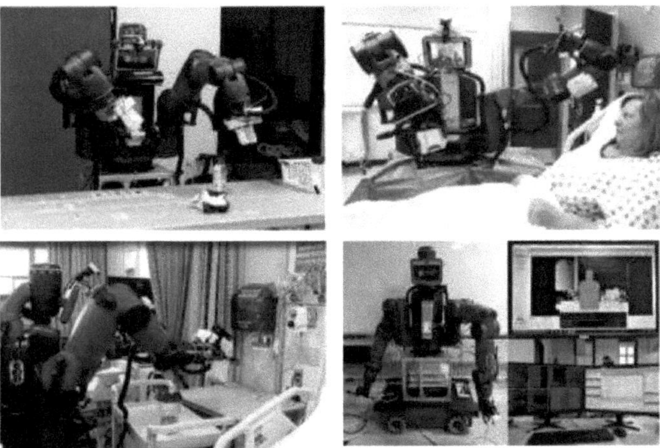

Figure I.18: Tele-Robotic Intelligent Nursing Assistant (TRINA)

## I.4 Structure of a robot

The structure of the robot varies from one robot to another 1 fonction de leur type et de leurs utilizations . Cependant ils partagent plusieurs parties de base ( voir Figure I.19 ):

Figure I.19: les composants principles of a robot

The structure of a robot repose on one combination essential d'elements tels que l'alimentation, les capteurs , les motors , and a central processor ( microcontroleur ). Ces composants cles Permettent au robot de percevoir son environnement , de prendre des decisions d'effectuer des movements precis et d'accomplir les taches aui lui sont assignees.

*I.4.1 Structure physics and mechanics*

This is the corps ( squelette ) or the chassis that constitutes the main cadre of the robot. The structure of the robot is different Adaptee a son travail et a la liberte necessaire pour exercer ses functions . La structure robots est souvenir in plastic or in metal, leger and durable.

*I.4.2 Captors*

21

Un capteur This is a device that can be measured A great physique and converter and an electrical signal ou numerique qui peut etre traite ou controle par un systems . Ces capteurs sont Used in robots for controllers leur movement , leur direction et leur function . Ils peuvent The role of the cameras tells them that the capturers have ultrasons to detect the obstacles and the capturers Infrared lenses for determining the trajectory of the robot. Of the capteur medicaux sont equal element utilises pour le traitement ou l'examen . Les capteurs sont donc une party essential de la fabrication of the robot car ils determinent les bags que le robot peut accomplir .

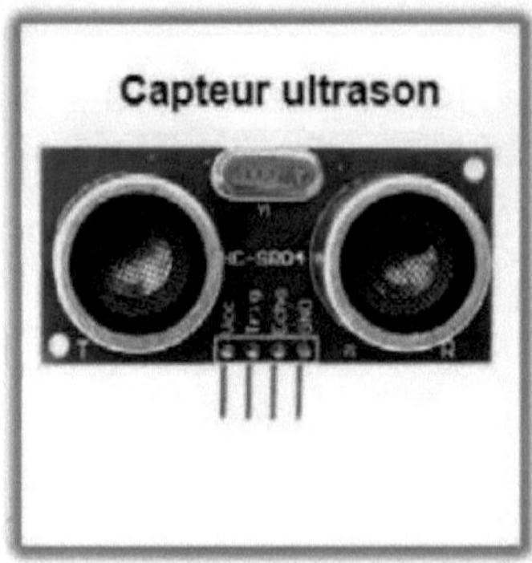

Figure I.20: Captors of detection of obstacles and chemin

### I.4.3 Alimentation

C'est A source of energy that has the capacity to operate the components of a robot electronic and mechanical ( motors and microcontrollers ) or elle affect sa performance and son independence . The rechargeable batteries or the panels solaires sont generalement utilises . Les petits robots sont charges avec des batteries rechargeables, tandis que les robots industriels ont besoin de plus d'energie et sont donc charges with food cables or the panneaux solaris .

Without food, the robot does n't have anything to do with it deplace .

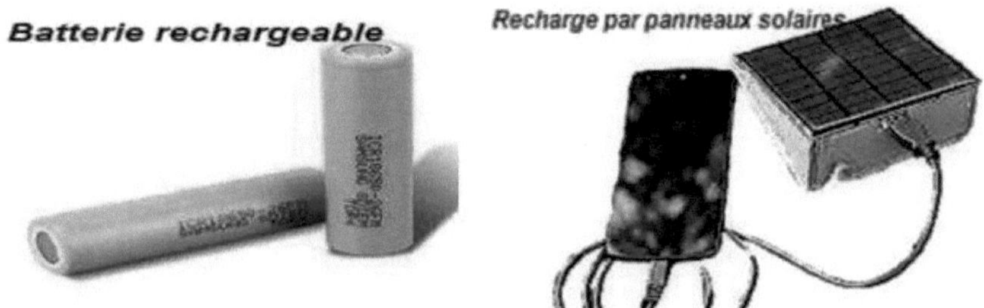


Figure I.22: Sources of energy

### I.4.4 Motors

Les engines sont des dispositifs mechanics , electriques ou Hydraulics that permanently au robot de se placer et d'effectuer ses taches. Les robots comptent beaucoup sur les motors Electrics for converting l'energy electrique en energy mecanique afin de placer le robot.

Figure I.23: the engine mechanics and hydraulics

### I.4.5 Processor

The processor constitute the beer of the robot. Il est generalement Constituent of a microcontroller , of a microprocessor ou d'une programmable memoir. Il s'agit A control system that works via a computer , electronic circuits and logic .

The processor of the robot is Use to control les robots (les motors and les captors ) and pour traiter les donnees necessaires a l'accomplissement de taches specifiques .

Ce sont les principales parties d'une conception de robot dont on ne peut pas se passer, sans lesquelles le robot ne peut pas fonctionner .

La party commande , c'est cette partie qui va permettre au robot d'analyzer les donnees Provenant des capteurs et d'envoyer les orders relative to servo motors . La party command est materialisee physics for the microcontroller .

## I.5 Conclusion

Dans ce chapitre , nous avons donne une definition generale des robots, en les classant in six grand categories. Tout d'abord , les AMR (Robots Mobiles Autonomes ) qui sont capable of deplacer without human intervention , les AGV ( Vehicles a Guidage Automatique ) qui fonctionnent Selon three systems of guidance : l'autoguidage , le guidage laser et le guidage infrared . Le troisieme type est celui des robots articules , qui sont dotes de bras articules . Nous trouvons egalement les robots humanoides , qui present une Apparence physique similaire a celle d'un etre humain . Another one category est celle des cobots , qui sont des robots collaboratifs travaillant en collaboration with les etres humains . Enfin , nous avons cite also les robots hybrides , which representent une Combination of robots and organisms .

Nous avons equal element discuss manners Generale des domaines les plus connus qui utilisent les robots, tels que l'industrie , l'environnement , l'arme , et le domaine medical. An interest particulier aux differents types des robots medicaux les plus celebres et leur domaine d'exploitation etait mis en exercise.

A la fin, nous avons parle de la structure generale d'un robot et les composants Principaux necessaires a son bon fonctionnement .

Dans le chapitre suivant nous allons Detailer la method proposee for the realization of a robot COBOT aid- immediately ainsi que les differents composants utilises dans ce Project de fin d'etude .

# Structure of the Robot Medical

24

# Chapter 2: Structure of Robot Medical

## II.1 Introduction

L'objectif de ce chapitre is the presenter of the party theorique pour la realization d'un robot aide- soignant , en decrivant les differents blocs qui le composent . Nous expliquons also in detail chaque composant use , ainsi que la methode de liaison entre eux . The figure (Figure II.1) ci-dessous illustre le schema bloc utilise pour la realization de notre robot aide- soignant

.

It is composed of six blocs: bloc d'alimentation solar , a block of microcontroller , block of motor driver, block of motor , and block of captor medicaux , a block of autonomous communication .

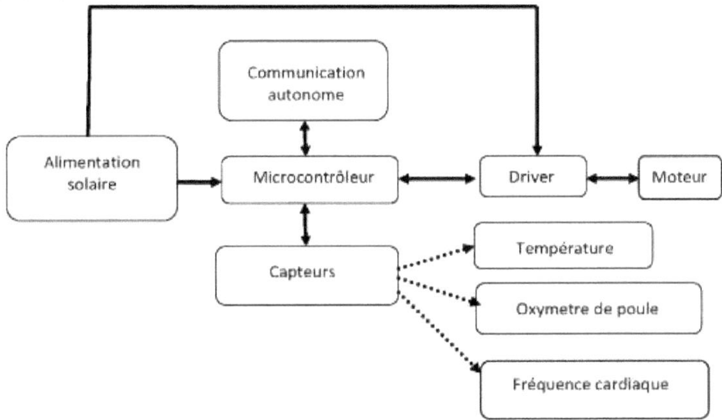


Figure II.1: Schema block of a robot medical with alimentation solarire .

## II.2 Alimentation solarire

The figure II.2 represents the schema bloc d'alimentation solaire use in our work. Il se compose de three elements: deux panneaux Solar , two batteries of Lithium (Li-ion 18650), and a charger of batteries (module TP4056).

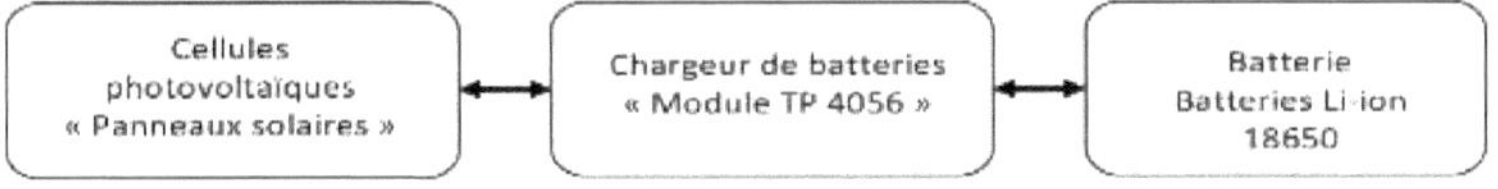


Figure II. 2: Schema bloc d'alimentation Solaire d'un robot aide- soignant

*11.2.1 Panneau solaire*

The exposure aux rayons du soleil declenche A chemical reaction in the photovoltaic cells disposes en series et en parallele pour produire de l'electricite . This module de production d'electricite est connu sous le nom de panneau solaire [12].

Nous avons use deux panneaux Solaires a base de cellules photovoltaiques in silicon, which is integrated Parfaitement in our PFE.

En utilisant l'energy solar , l'exposition Directed from silicon, this is a semi- conductor with a maximum output capacity of 0.36W en generant A tension continues de 3.7 V a partir de photons [12].

Figure II.3: Panneau Solaire U= 3.7 v, P= 0.36w [13].

Le panneau solar Parallax offre a conversion of energy solaire efficace grace a ses characteristics techniques optimisees , sa durable et sa stabilite renforcee . With a voltage of 3.7V and a power of 0.36W, the voltage is 167mA . This panneau Solar compact dimensions 60mm x 55mm x 2.5mm are lightweight and necessary Minimal maintenance for one duree de vie prolongee [13].

*11.2.2  Modules TP 4056*

*II.2.2.1 Description circuit integrity TP4056*

The TP4056 module is powered by a charger and a lithium battery. The power supply is adapted to the standard 1A battery, and it is equal element Apte de controler la temperature afin d'eviter l'echauffement des composants [14].

The TP4056 delivers A voltage of 4.2VDC ).Ce module s'alimente en 5VDC (VCC) et peut fournir jusqu'a 1A ( Entierement configurable sur la broche PROG a l'aide d'une resistance de mass) [14].

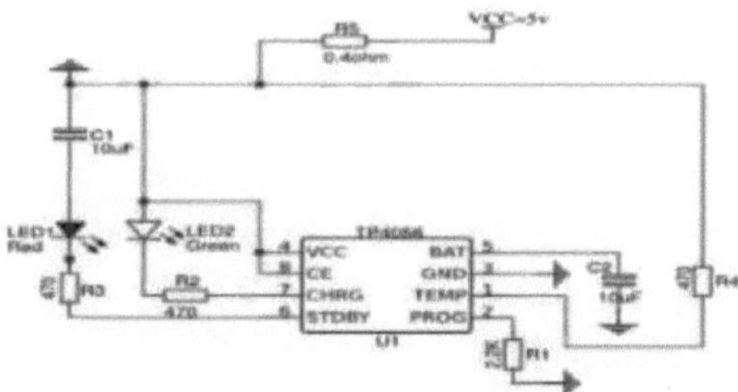

Figure II.4: Circuit electronique TP 4056 [14].

-    La broche CE est une Broche " d'activation " ( connectee a VCC for the function ).

-    L'onglet TEMP est secure . Connect the battery to lithium, monitor the temperature of the battery and deactivate (mass) the charge and the temperature is low or trop elevee .

-    BAT est Connect to the positive battery pole

-    Les branches CHRG and STBDY permetettent de gerer deux voyants d'etat : charge et charge eteinte [15].

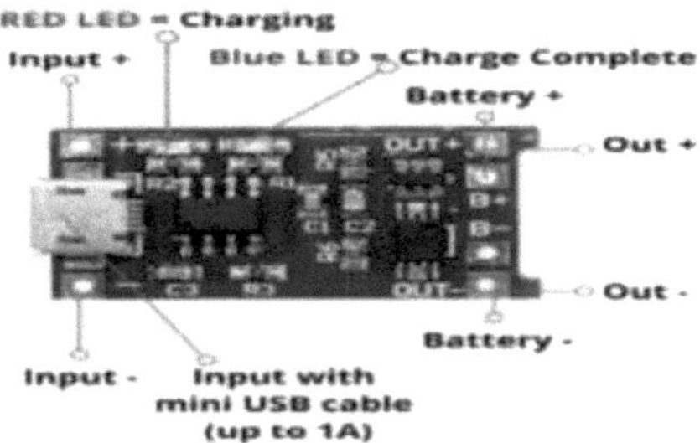


Figure II.5: Module de charge TP4056 [15].

- En cas de dysfunctionnement or the breakdown of the courage, the option d'utiliser le port MiniUSB for l'alimentation du circuit via le cordon USB is available.
- Vous pouvez Contourner the cable miniUSB and use it in the place of input + and input - which has a cote du port USB, common illustrious a la Figure II.5.
- With the LED integrations , the module TP4056 all une LED rouge lorsque la battery est toujours in charge and a green LED lorsque la charge est appointments .
- The content also two sorties BAT+, and BAT- which are available etre connect a la battery to a recharger [16].

*11.2.3 Batteries Li-ion 18650*

La cellule Li-ion 18650 a ete largement utilisee en raison de ses proprietes exceptionnelles par rapport a ses concurrents . Ces characteristics regrouped Plusieurs elements importants , tels que la capacity electrique , la tension, la durabilite , la periode de conservation, la securite , la temperature de fonctionnement , et bien d'autres [17].

|7].

The cell 18650 presents the characteristics suivantes :
Evaluation at 3.6 V with one capacity of 2850 mAh . They use the charging methods CC and CV ı for the charge, with a maximum voltage of 4.2 V and a current of 0.5 C. The charging times are possible est d'environ three hours . Its dimensions are 18.4 mm in diameter , 65 mm in height, and elle pese environ 48 g [17].

Nous avons also use the diodes 1N4004. Cela permet au courant de circuler dans one separate direction, et de reduire The tension also protects the circuit .

One fois ces connections Effectuees , the unit TP4056 is maintenant etre connectee a la battery. Pour ce faire, nous connectons the cable BAT + a la pointe positive de la battery et a l'extremite de la battery negative. Parce que les panneaux Solaires , et les batteries peuvent equal element etre connectees en parallele (meme capacite et tension ajoutee ), avec one connection parallel , the power is 100 mAh and 3.7 V [15].

All stages mentionnees ci-dessus sont presents in the figure (II.7) suivante :

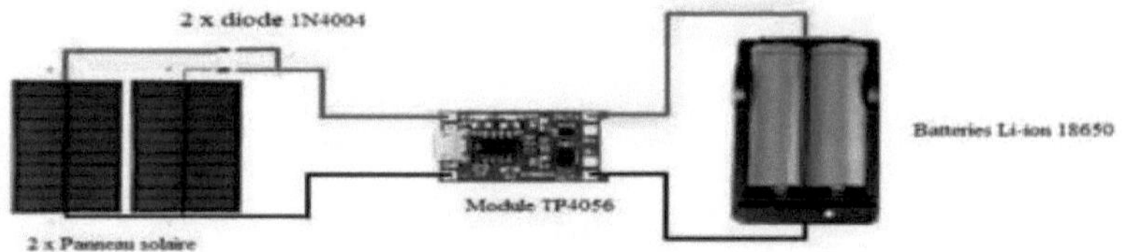

Figure II.7: Systems de charge batteries Li-ion 18650

i Charge method : CC and CV are the same as lithium-ion battery charge methods . La methode de charge CC (courant constant) est utilisee pour charger la battery jusqu'a un certain level of tension. Ensuite, the CV charge method (tension constante ) est utilisee pour charger la battery jusqu'a sa tension nominate

## II.3 Microcontroller ATmega328

The microcontroller use in this work est celui -ci de la card Arduino Uno ATmega328. Il est facile a manipuler , peut etre enleve , et il a la capacite de controller avec one great precision and robot.

### II.3.1 Card Arduino Uno

The figure II.8, watch the synoptic scheme of the Arduino Uno card.

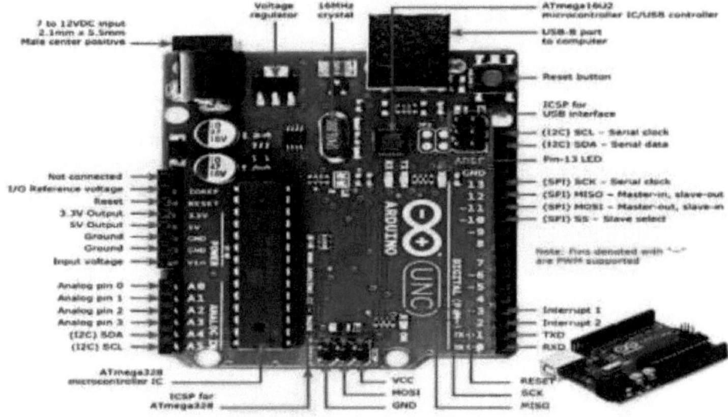

Figure II. 8: Schema synoptique de la card Arduino Uno [18].

La card Arduino Uno offers a multitude of functions , parmi lesquelles une prize External food , 6 analogue entrances with a converter Analogue number of resolution 10 bits and a reinitialization button for reinitialization of the process. Elle est equal element equipee d'un resonanceur Ceramic 16 MHz (quartz), d'un connector ICSP ( programmation series in-circuit) for programmer and microcontroller on the circuit without the retirer , ainsi que de 14 entrees et sorties numeriques . Parmi ces broches, 6 peuvent functionner assorted PWM (modulation de largeur d'impulsion ). Plus, for the conversion USB/ series , the card uses a microcontroller programs ATMEGA 16U2. The characteristics and specifications techniques are detailed are represented in the table II.1 [18].

| Microcontroller | ATmega328 |
|---|---|
| Tension de fonctionnement | 5V |
| Tension d'entree ( recommandee ) | 7-12V |
| Tension d'entree ( limites ) | 6-20V |
| Broches d'E / S numeriques | 14 ( don't 6 sources in the PWM range) |

28

| Broches d'entree analogiques | 6 |
|---|---|
| Courant CC par broche I / O | 40mA |
| Courant DC pour Pin 3.3V | 50mA |
| Memoir flash | 32 Ko (ATmega328) dont 0.5 Ko use par bootloader |
| Memoir SRAM | 2 Ko (ATmega328) |
| Memory EEPROM | 1 Ko (ATmega328) |
| Speed of 1 watch | 16MHz |
| Longueur | 68.6mm |
| Largeur | 53.4 mm |
| Poids | 25g |

Tableau II. 1: Characteristics of the Arduino Uno card [19].

La programming en C/C++ from the ATMega328 can be integrated into various systems for different applications. Les cards Arduino sont Prizes for amateurs and professionals en raison de leur facilite d'utilization . The ATMEGA328 is a microcontroller with a 32KB memory flash, a 1024B EEPROM, a 2KB SRAM and 23 cables . Il offer des fonctionnalites Telles que des horloges / compteurs flexibles, a port series SPI and a convertisseur A/N. Les broches d'E /S a usage general sont equalization un atout [20].

The Arduino Uno card can be used etre Food by an external source of 6 a 20 volts , corn A voltage between 7 and 12 volts est recommendations for one stabilite optimal . Food broches Comp Rennent Vin for the input of external voltage, 5V for the regulation of 5 volts, and GND for the mass. La carte disposal Level of special broches for the communications series , external interruptions and large modulation d'impulsion PWM. With 14 numbered broches , the Arduino can perform all functions d'entree and de sortie [20]

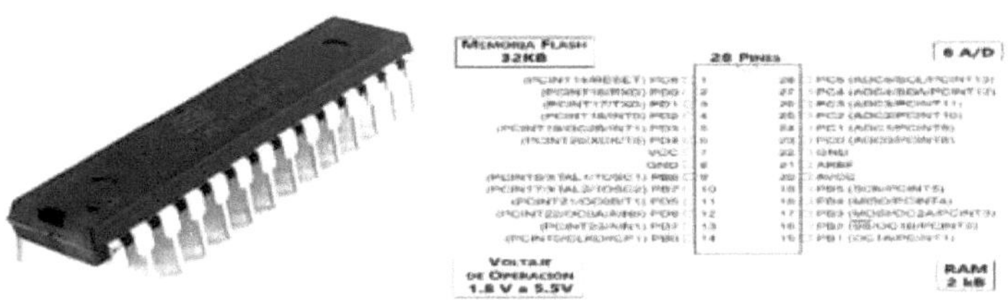

Figure II.9: ATmega 328 [20].

*II.3.2 Environment de development*

Arduino fournit a development environment Integrated (IDE) free and open source available on the site web, compatible with Windows, Linux and Mac. The programming language Used by Arduino it is based on the language C/C++, with the functions and the libraries specifiques a Arduino. The IDE simplifies the operations de compilation and de telechargement du code vers le microcontroleur grace a une interface conviviale . The communication between the computer and the Arduino card is made via the USB port installant le pilote appropriation fourni par Arduino [21].

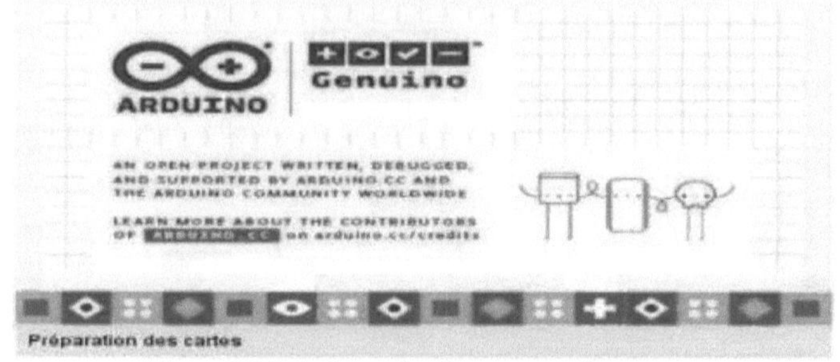

Figure II.10: Arduino development environment .

## II.4 Drivers

The driver uses the notre project c'est un pont en H « L298N ».

Dispose en forme de H, le pont en H is an apparatus electronique popular qui permet le controle de la polarite a travers un dipole. En rule Generale , this structure is composed of four elements of communication, which can be used etre of the relay , the transistor or d'autres types de commutateurs , en fonction de l'usage prevu . This invention peut etre trouvee dans various applications d'electronique de power, telles que des convertisseurs , des onduleurs et des commandes de motor . Les circuits integres sont une option for les applications a faible ou Moyenne puissance, tandis que les circuits discrets or the modules integres sont mieux adaptes aux puissances moyennes et elevees . [22]

Miscellaneous combinations of switches doivent etre activities to get connected souhaitee sur le pont . A summary of the combinations authorized est present in the figures (II.11-12) below.

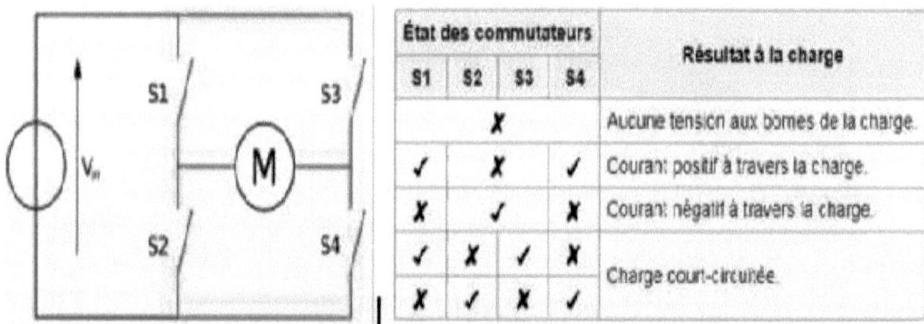

| État des commutateurs | | | | Résultat à la charge |
|---|---|---|---|---|
| S1 | S2 | S3 | S4 | |
| | X | | | Aucune tension aux bornes de la charge. |
| ✓ | X | | ✓ | Courant positif à travers la charge. |
| X | ✓ | | X | Courant négatif à travers la charge. |
| ✓ | X | ✓ | X | Charge court-circuitée. |
| X | ✓ | X | ✓ | |

Figure II.11: Circuit d'un pont H Tableau II. 2: La combinaison d'etat de commutateurs [22]

The module L298N is based on a circuit integrity polyvalent qui permet de Gerer various charges inductives , telles que des relays , des solenoids , des motors a courant continu et des motors pas a pas. Il offer une power lift and power Gerer des courants importants , ce qui en fait une solution pratique pour le controle precis de ces charges. The module L298N is available in two formats, Multiwatt a 15 broches and Power SO20* †2 , and is capable of a single adapter gamme de charges inductives conforms to level Logiques TTL standard. The

---

2

†A family of components for mounting on surface IC high power. Le Power SO a This development will respond to the demand croissant of miniaturization of the composant utilises in les applications de puissance, en profiteront du new package, en introduisant The utilization of the technology of assembly on the surface in the production of the system d'energy

circuit L298N permanently modifies the direction and the intensity of the voltage from the sources of two electrical charges [23].

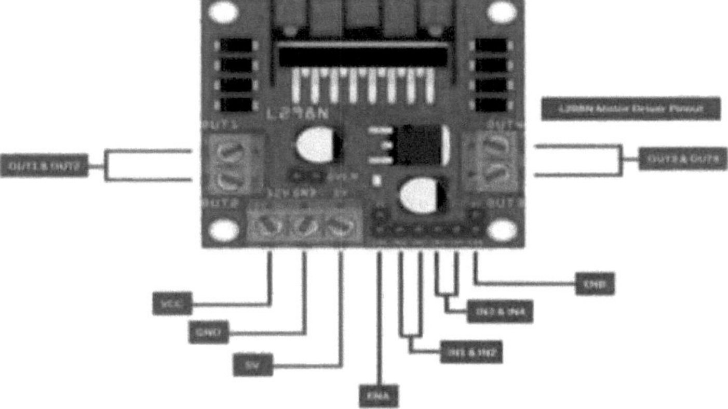

Figure II.12: Module L298N [23]

### II.4.1 Characteristics

The module L298N is a component essential for controlling the motor . The ports are disposed of to control the rotation sensors of the motor , so that the ports IN1 and IN2 for the motor A, and the ports IN3 and IN4 for the motor B. Plus, the ports ENA and ENB are permanently deregulated The amplitude of the voltage delivered by the motors and the aid of a PWM signal. The module is compatible with the motor ayant A nominal voltage of 5 to 35V, and supports a maximum current of 2A crete . Ces Characteristics font of the L298N module is an ideal choice for controlling the motors [23], [24].

### II.4.2 Cabling diagram for L298N modules

The L298N module is here connect a microcontroller Arduino Uno via plusieurs broches en Suivant les stages suivant :

Tout d'abord , the broche ENA, qui nous permet d'activer the engine M1, doitre release a la broche 2. Les broches Input1 et Input2 sont utilisees Respectively to control the direction ahead and position of the M1 engine , etc doivent etre connectees aux broches 3 et 5. The meme, the broche ENB est Used to activate the engine M2 and others est release a la broche 4.

Ensuite, the GND broche du circuit integrity est connectee to the mass of the microcontroller . Sur certains Models of ce modules, it is possible to rajouter deux jumpers (deux fils ) pour connecter directement les broches enable (ENA et ENB) au 5V. Ceci permet d'activer toujours le pont en H et d'economiser deux sorties du microcontroleur [24],

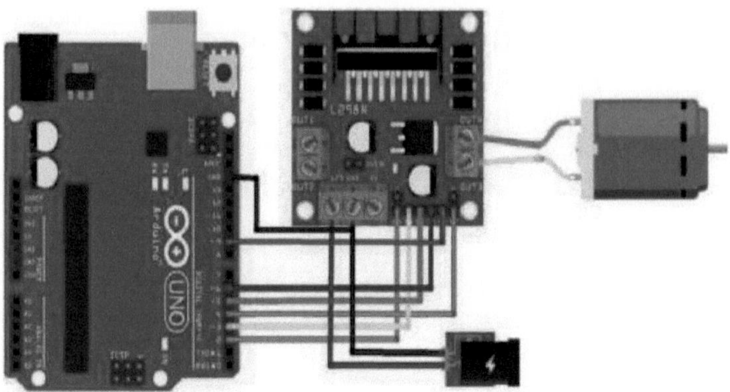

Figure II. 13: Schema de cabling Module L298N with Arduino Uno and motor DC.

**II.5 Motors**

Le bloc des motors se compose deux motors a courant continu , un pour chaque roue motrice , soit deux roues en ajoutant la roue avant pour faciliter le displacement de notre robot.

*II.5.1 Description of the engine that continues*

The engine continues to run est Constitue de deux composants Principaux qui cooperent to create a champion magnetique et tighten a movement ( voir Figure II.15). Le stator, l'un de ces composants , reste fixe pendant le fonctionnement , tandis que le rotor, l'autre partie , tourne autour du stator pour generer le movement souhaite .

Ce type of engine convertit l'energy electrique en energy mechanism of manners efficace (figure II.16). Son functionnement est facilement comprehensible, sans avoir besoin de se referer a des formulaes or equations complexes.

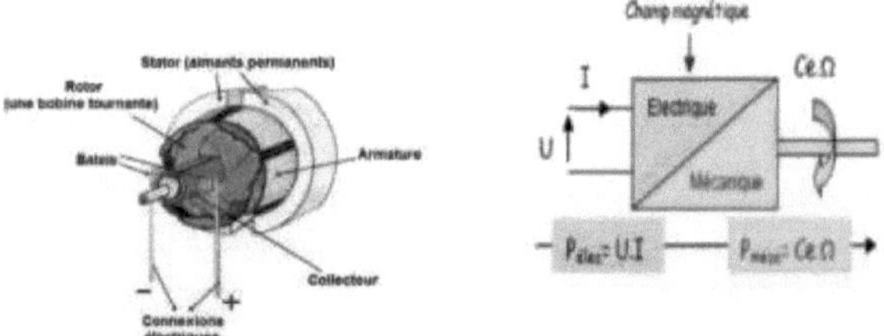

Figure Π .14 : construction of the motor courant continue [25]. Figure Π.15 : fonctionnement de motor CC [25].

*II.5.2 Principle de fonctionnement de motor courant continu*

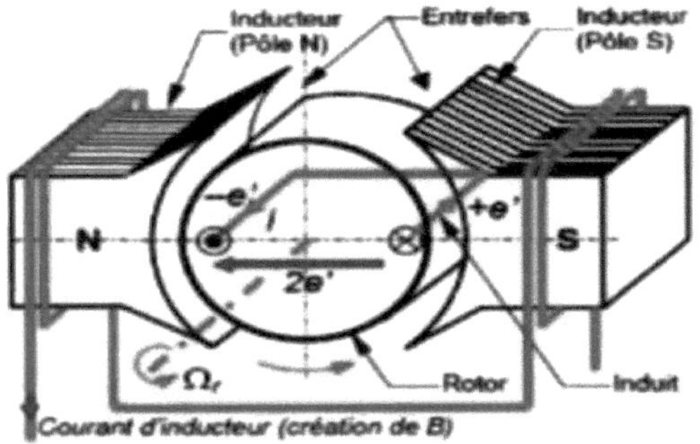


Figure II.16: Principle de fonctionnement de motor courant continu [26].

The principle of function est Donne pour une spire.

A motor Electrique repose sur l'interaction between a courant electrique and a champ magnetique , which creates a couple motor , and which entrains the rotation. This force is electromagnetic est Generee par le courant circulant dans la bobine des poles (N) aux poles (S). Ainsi , the engine electrique effectue various bags en utilisable cette combination of electricity and magnetism . This increases the value of the couple engine soit par:

-    Les virages peuvent etre augmentes to obtain the result souhaite .

-    The augmentation of the number of pairs d'aimants peut conduire a de meilleurs results [25].

*II.5.3 Choix motor courant continue*

Les motors que nous avons Choisis pour notre robot ont des speeds Maximum drop levels for a stable movement . Nous avons donc opte for a rapport de multiplication de 1:48 to reduce the speed of rotation. Ces engines offrent Elevation a couple maximum of 800g/cm et sont adaptes aux applications necessary une low tension d'alimentation .

Ces engines present une combination Optimal power of rotation level and rapport of demultiplication ideal for responding to the needs of our robot

*Figure II.17: Motoreducteur a courant continu (Gear motor)*

## II.1.1 Characteristics

The tableau suivant (tableau II.3) represents the characteristics of a Gearmotor ( Motoreducteur ) en courant continu .

| | |
|---|---|
| Tension de fonctionnement | 3V-12VDC |

| Couple maximum | 800g/cmmax.A3V | |
|---|---|---|
| Rapport de charge | 1:48 | |
| **Courant de charge** | **70 mA ( 250 mA max. a3V)** | |
| Poids 29g | | |
| **Dimensions** | Longueur 65mm, Largeur37mm, Hauteur 22mm | |

Tableau II. 3: Characteristics of a Motoreducteur a courant continu [27].

## II.6 Communication autonomous

Dans ce bloc de communication autonomous , on va creer A Bluetooth connection between an Android smartphone and our robot prototype assist with a prototype page card based on the microcontroller block « Arduino Uno » a l'aide du module Bluetooth HC-05.

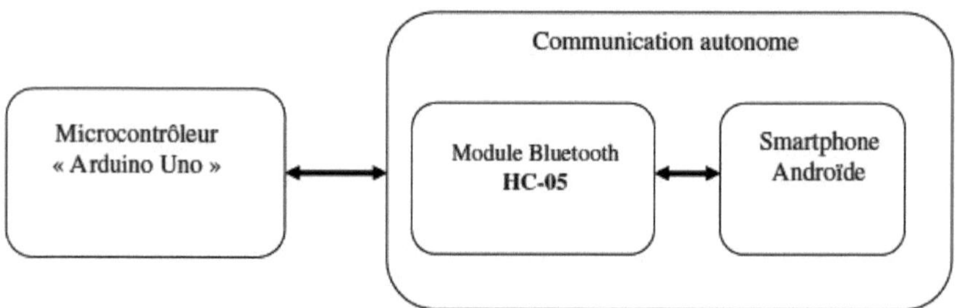


Figure II.18 23: Schema block representing the communication between the ATmega328 microcontroller
and the smartphone.

*II.6.1 Capteur Bluetooth HC-05*

*II.6.1.1 Description Capteur Bluetooth HC-05*

Le Bluetooth est une technologie de communication sans fil a courte portee largement Use in various devices electroniques modern . In the Arduino projects , the Bluetooth module can be controlled at a distance from the devices tels que des voitures or des bateaux depuis and Android smartphone [28].

Figure II.19: Module Capteur Bluetooth HC-05 [28 ].

The Bluetooth module uses est base sur la puce CSR BC417, offered une Speed of transmission of radio Bluetooth signals is available attend 3 Mbps. The conception of the carte included une antenna serpent qui permet A portee de communication just 10 meters . Un avantage majeur de ce module est sat Capacite a resister aux interferences a large band , ce qui permet a plusieurs Appareils de communiquer entre eux sans se perturber mutuellement . [28].

### II.6.1.2 Configuration du Capteur Bluetooth HC-05

The module HC-06 has six broches , comme Indique in the brochage . Parmi eux , nous avons besoin seulement de quatre broches pour connecter les modules entre eux . Certaines Cartes de derivation ne laissent que quatre broches de sortie voir le tableau (II.4) ci-dessous

| Nombre de branch | Noun de branch | Description |
| --- | --- | --- |
| 2 | VCC | + 5 V, Une alimentation positive doit etre donnee a cette Broche to feed the module |
| 3 | GND | Connectez cette Broche a la masse commune du circuit |
| 4 | TXD | connectez cette Broche with le broche RXD of the microcontroller . This broche transmet les donnees sbrie (les signs without fil recus par le module Bluetooth sont convertis par module et transmis en sbrie sur cette broken ) |
| 5 | RXD | connectez cette Broche with le broche TXD of the microcontroller . The Bluetooth HC-05 module can be found on these devices broche Puis les transmet sans fil |

Tableau II. 4: Configuration du Capteur Bluetooth HC-05 [29].

### 11.6.1.3 Characteristic

The module HC-05 presents its characteristics remarquables . Il prend In charge of the protocols Bluetooth v1.1 / 2.0 and function with a power supply voltage of 3.3 and 5V. Il prend en charge the profiles Bluetooth and tant que maitre et esclave . Le module HC-05 est adapt a une Use in temperature conditions ranging from -5°C to 45°C. It uses the frequency of the ISM band 2.4 GHz and offers asynchronous transmission debits allant This is 2.1 Mbps (max) / 160 kbps and synchronous debits of 1 Mbps / 1 Mbps. Sa power of emission est Inferieure a 4 dBm, ce qui le classe dans la categorie Class 2 [30].

### 11.6.1.4 Communication from the module Bluetooth HC-05 with Arduino

The module, HC-05, communicates via the interface UART ( **Universal Synchronous & Asynchronous Receiver Transmitter** ). The transmission and reception of the donnees between the modules and the others apparatus otherwise possible via this interface. The module is available etre rely on n'imports quel microcontroller or PC equipe d'un port RS232 via l'interface UART. The figure (II.20) shows the connection of a module HC-05 to the Arduino Uno card [30].

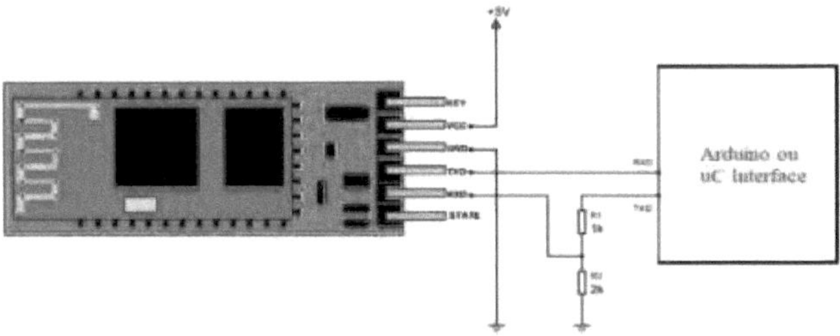

Figure II.20: Connection of a module HC-05 a la carte Arduino Uno[30] .

The interface UART between the module HC-05 and l'Arduino est Food for a voltage of 5V ( see figure II.20).

Pour cell , il suffit de connecter la broche TXD du module a la broche RXD de l'Arduino , et la broche RXD du module a la broche TXD de l'Arduino en used to divide tension. Ce divider Permet de convertir the signal logic 5V from the Arduino en signal logic +3.3V compatible with module. It is important to note that the mass of the Arduino is fixed and the module refers to the tension of the car in a separate power supply a ete utilisee . This configuration is permet d'establishment une communication bidirectional fiable between the module and the Arduino .

### 11.6.1.5 *Communication Module Bluetooth HC-05 and Smartphone*

Pour appairer Notre Smartphone with the modules Bluetooth HC-05, on doit les parameters de notre telephone et activr le Bluetooth. A fois la recherche d'appareil est active and the address of the device est affichee en plus you nom HC-05, nous connectons , ensuite nous devons entrer notre mot de passe.

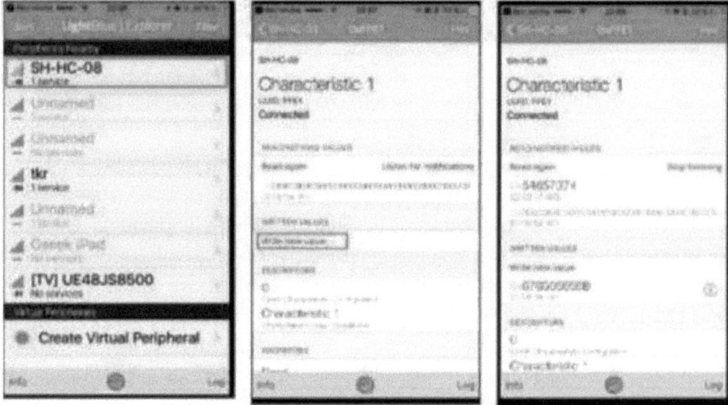

Figure II.21: Connecter Bluetooth HC-05 Arduino et Android «Bluetooth 0.5»

**II.7 Captors**

Les capteurs utilises in notre project sont :

The MLX90614 is an infrared temperature detector that can be used with the names of applications gracefully capacity a Effectuer des measurements de temperature without contact with one great precision. Il peut etre Use in various domains tels que la sante , et la mesure de la temperature corporelle .

Capteur Max30102 for the oximetry of pouls that are not permet en:

1. Mesurer de iacon non invasive la saturation du sang en oxygens ,

2. Surveiller la frequence cardiacaque .

L'oxymeter de pouls est Indique pour les personnes Don't let the level monitor you d'oxygene , car elles ont une pathologie qui affecte l'oxygene ( asthma , pneumonia , cancer du poumon , anemia , etc.) ou parce qu'elles ont subi a surgical intervention ).

*II.7.1 CapteurMLX90614*

*II.7.1.1 Description*

The infrared temperature detector MLX90614 ( voir la figure II.27) detects the temperature of the objects presented in the son of vision without the need for contact physics, with a precision standard of ± 0.5°C autour de la temperature ambiante , the MLX90614 offers une performance fiable .

It is possible to configure the sorting number in PWM mode. Par default , a resolution of 10 bits est utilisee pour transmettre en Continuing the temperature measurement at a beach of - 20°C and +120°C, with a resolution of 0.14° C use the detection of the light infrared rouge emise par les objects distances for measuring Leur temperature, eliminant ainsi le besoin de contact physique, Il offre A beach of measurement plus large that has the advantage of the capturers Numbers from -70°C to +380°C. Son champ de vision de 90 ° permet de capturer les temperatures de plusieurs objets simultaneous [36].

Figure II. 27: Captor MLX90614 [36].

The internal diagram of the MLX90614 ( see Figure II.28) is composed of a thermopile (MLX81101) and a frontal analogue processor specifique a l'application (ASAP) (MLX90302) [37].

The frontal analogue processor Specifique a l'application (ASAP) (MLX90302) est Responsible du traitement du signal electrique Genere par la thermopile. Il est congu pour prendre en charge les fonctionnalites specifications of MLX90614. The frontal analogue processor amplify , filter and convert the voltage signal to une sortie numerique correspondant to the temperature of the object detect . Il peut equal element effectuer des compensations pour des erreurs connues telles que la temperature ambiante [37]

A thermopile is an apparatus electronique qui convertit l'energy thermal en une energy electrique . It is composed of plusieurs thermocouples connectes generalement en series . Un tel dispositif function on the principle of the effect thermoelectric , c'est -a- dire; il genere une tension lorsque ses metaux dissemblables (thermocouples) sont exposes a difference in temperature (between the interior environment - the patient- and the exterior environment - the environment ) [37].

The thermopile converts the radiation infrared rouge en an electric signal , tandis que l'ASAP effectue l'amplification du signal, le filtrage et la compensation de temperature s [37].

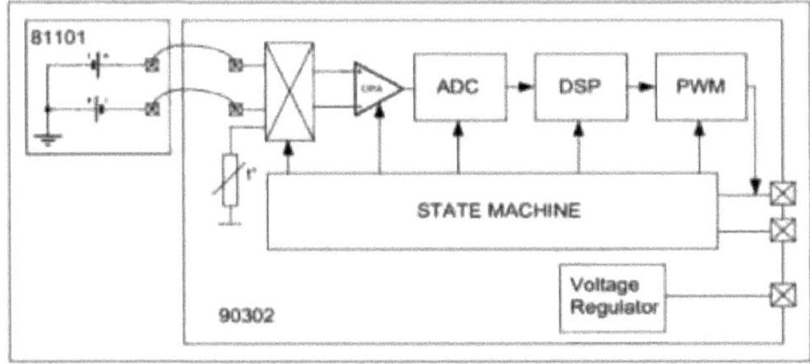


Figure II.28: Schematic of the internal function of the MLX90614 [26].

The MLX90614 comprend equal element An EEPROM for the stockage of the donnies d'etalonnage . Il utilise a numerical interface telle qu'I2C ou SMBus for communication with external peripherals . Ces Composants combines permanently on MLX90614 de measurer precisement la temperature et de fournir des donnees de temperature fiables [37].

The MLX90614 module has different connections suivantes :

**VCC** : is the broche d'alimentation , doit etre Connect to the 3.3V or 5V range of the Arduino

.

**GND** : est la terre.

**SCL** : is the broche d'horloge I2C, doit etre connect a la ligne d'horloge I2C de l'Arduino .

sLa compensation de temperature adjuster les measurements d'un capteur en tenant compte des variations de temperature ambiante , assured ainsi of the result precis et fiables .

**SDA** : This is the broche de donnees I2C, doit etre connect to the line from the I2C cable from the l'Arduino.

### II.7.1.2  Characteristics CapteurMLX90614

The MLX90614 sensor has its characteristics interesting for the measurement of temperature. The power supply required is 1.5 mA. La tension de functionnement recommend the location between 3.6 V and 5 V. The device has a 80° vision champion, offered une couverture etendue. Sa precision de mesure est de 0.14°C, guarantee of the result fiables . Plus, the distance is optimal between the object and the capturer 's location generalement between 2 cm and 5 cm, permettant des mesures precises and coherentes [38].

Figure II.29: Champ de vision du capteurMLX90614 [38].

### II.7.1.3 Principle de fonctionnement de capteur MLX90614

The detector MLX90614 can be used measure the temperature of an object with imports quel contact physics. Ceci est souvenir rendu possible grace a une loi appelee Loi de Stefan-Boltzmann 4 , which stipule que chacun des objects et des etres vivants emet de l'energie IR et donc l'intensite de cette energy IR emission va etre directement proportional to the temperature of the cetera objet ou etre vivant. Consequently, the MLX90614 sensor calculates the temperature of an object en measure the quantity d'energie IR emise par celui -ci [39], [40].

### II.7.2.4  Connection MLX90614 and microcontroller Arduino Uno

The figure is based on the connection diagram between the temperature sensor MLX90614 and the Arduino .

4 The loi of Stefan-Boltzmann once the power of Rayonnee (P) est directement Proportionnelle a la quatrieme Puissance de la temperature absolue (T) selon l'equation $P = o * T^{n}4$, ou a This is the constant of Stefan-

Boltzmann.

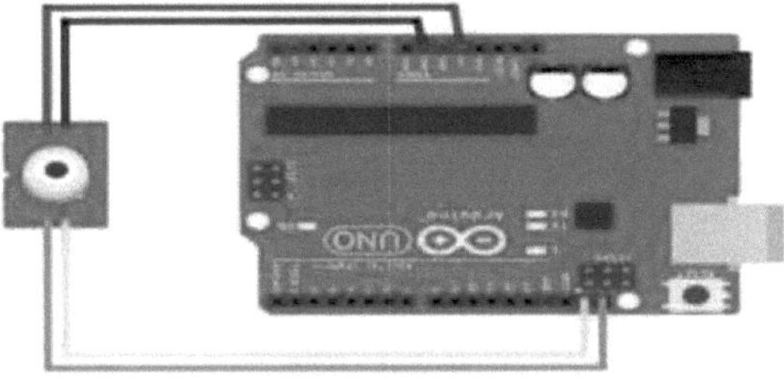

Figure II.30: Connection MLX90614 and microcontroller Arduino Uno.

Nous Connectons la broche d'alimentation (Vin) du temperature sensor on the 5 V pin of the Arduino , and the GND pin of MLX90614 on the GND pin of the Arduino UNO.

Les broches SDA and SCL du capteur infrared rouge connects aux broches A4 and A5 from the Arduino UNO respectively for transferring the donnees en series [41].

*II.7.2 Capturer MAX30102*

The MAX30102 detector is an integrated biosensor module , used to monitor the frequency of the heartbeat and the oximetry of the blood . Il offer des fonctionnalites advanced pour des mesures precises et est largement Use in the health trackers and medical applications . Il s'agit d'une solution systeme complete pour faciliter la conception d'appareils mobile плиоываs Moi

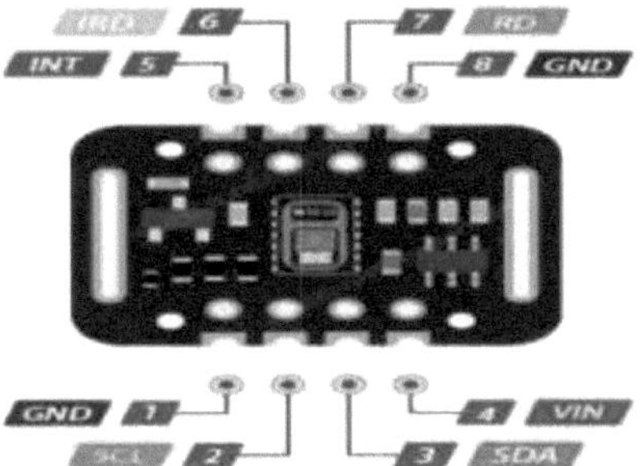


Figure II. 31: Captor MAX30102 [43].

The MAX30102 ( voir figure II.32 ci-dessous) integrates two diodes with electroluminescent LEDs that emit une Lumiere rouge monochromatique a 660 nm and one lumiere infrared a 940 nm. Ces longueurs d'onde sont choisies pour leurs proprietes d'absorption Distinct from hemoglobin oxygenee and deoxygenee . En effet L'hemoglobin desoxygenee is a coefficient of attenuation inferior to the oxyhemoglobin in the rouge (660 nm), and vice versa in the infrared 940 nm, ( see figure II.33 ci-dessous).

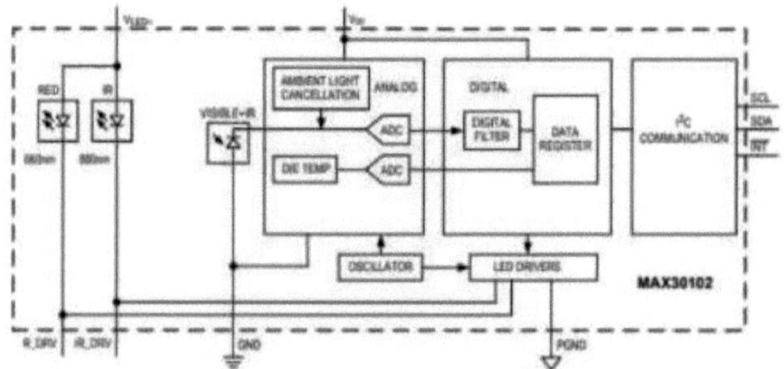

Figure II.32: schematic block du circuit integrity Max30102 [45].

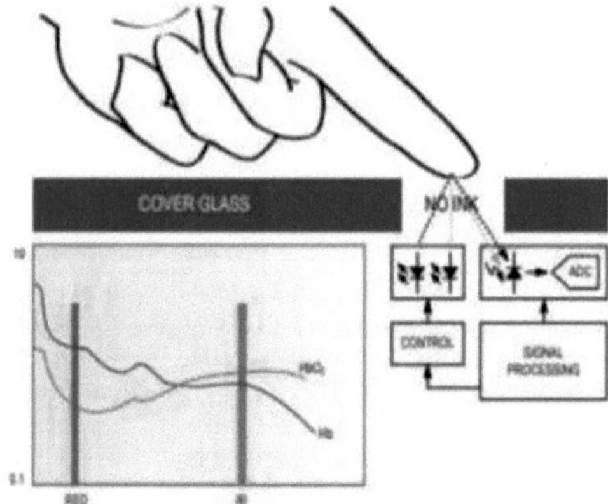


Figure II.33: Principle fonctionnement Captor MAX30102 [43]

The MAX30102 integrated also a photodiode to detect the red light R and infrared light IR transmitted across the index or the lobe of the ear (in our cas on va use 1'index) ( see figure II.33 above). Every cardiac arrest , the vessels bloody it bleeds , then it breaks off ; which modifies the optical path and therefore reduces the intensity of the light detected by the photodiode va etre changee . The signal received est PPG photoplethysmogram signal is called ( see Figure II.35 below).

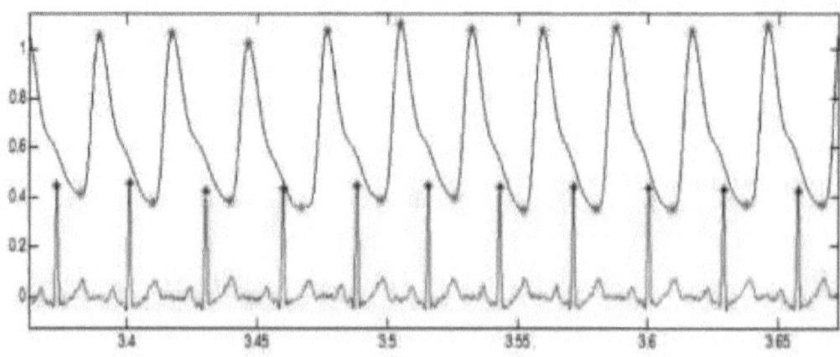

Figure II.34: Photoplethysmogram signal (PPG) with black color, and electrocardiogram signal

(ECG) with rouge color. The distance between the two etoiles successives
de meme color represents a battement cardiaque ( rythme cardiac ).

The photodiode converts the light en signaux electriques that are ensuite amplified and filtered . The I2C interface allows bidirectional communication with other devices composants pour la transmission des donnees et la configuration[33,34].

Les donnees de sortie du detector sont ensuite traits et lues par un microcontroller [45].

In summary, the MAX30102 uses a photodiode to detect the light Reflection , amplification and filtering of electrical signals , and communication with other components

components via the I2C interface . The LED is eminent une Lumiere rouge and infrared aux longueurs d'onde Specifiques , permettant de measuring the difference d'absorption between the hemoglobin oxygenee and deoxygenee . The capturer is composed of a diode emitter and a photoreceptor , supplied ainsi des donnees precieuses for the analysis of cardiac frequency and saturation oxygene du sang [43].

The MAX30102 functions on a part d'alimentations 3.3 V and 5.5V et peut etre mis hors tension via a logiciel with a courant de veille negligeable, permettant a l'alimentation de rester connecte a tout moment [43].

The configuration of the broches du module MAX30102 is represented in the tableau II.4 ci-dessous. The device has a 7-pin capacitor module with an I2C active communication protocol for interaction with the microcontroller .

**Type Pin Function**

| | |
|---|---|
| **VIN** | c'est la broche d'alimentation . Elle doit etre connectee a la sortie 3.3V or 5V de l'Arduino |
| **SCL** | is the broche d'horloge I2C, doit etre connect with the line d'horloge Arduino I2C. |
| **SDA** | is the broche de donnees I2C, doit etre Connect with the line of cables I2C d'Arduino . |
| **INT** | Le MAX30102 peut etre programs for generators an interruption for chaque impulse. This line est a drain ouvert , elle est donc tiree HAUTE par la resistance integree . Lorsqu'une interruption se product , la broche INT passe au ebene BAS and reste au ebene BAS jusqu'a ce que l'interruption soit effacee . |
| **IRD** | The MAX30102 integrates a pilot LED for piloting the impulses LED for les measures SpO2 s and HR 6 . |
| **RD** | La broche est similaire a la broche IRD, corn est used to pilot the LED rouge. |
| **GND** | broken on the ground |

Table II. 5: Configuration of the Capteur MAX30100 [45]

*1 I.7.2.1 Characteristics CapteurMAX30102*

Les characteristics and les specifications du pouls capturer cardiac oxygen frequency MAX30102.

Source de courant 3.3V a 5.5V

Tirage actual ~600 цA (pendant les mesures ) ~ ,0.7 uA ( en mode veille )

Longueur d'onde LED rouge 660nm

Longueur d'onde LED IR 880nm

Temperature range -40°C to +85°C

Temperature precision ±1°. [34]

*2    I.7.2.2 Connection MAX30102 and microcontroller Arduino Uno*

The connection of the MAX30102 to the microcontroller d'Arduino est illustree in the figure II.36 ci-dessous. L'oxymeter de pouls Use a communication protocol I2C to communicate with the microcontroller .

5    SpO2 : This is the saturation of the hemoglobin en oxygene par oximetry de pouls

6    Pulse HR vous permet de suivre your frequency cardiac

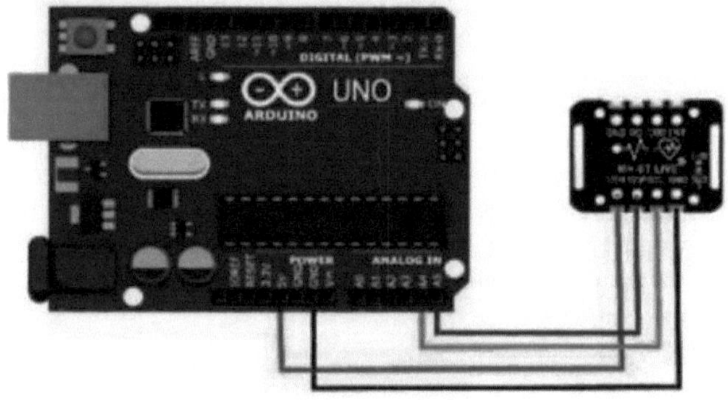

Figure II.35: MAX 30102 on microcontroller Arduino

Vin est Connect to the 5V port of the Arduino Puisque la tension de fonctionnement du module est de 3.3V - 5.5 V. La borne de mass de l'oximetry est connectee to the mass of the Arduino . Dans le cadre du protocole de communication, deux broches SCL et SDA sont respectivement connects to broches A5 and A4 from the Arduino . The broche INT du module est equal element connectee a la broche Numerique 2 du microcontroleur pour verifier si le battement de creur est capture correction .

**II.8 Conclusion**

Dans ce chapitre , nous avons presente en detail la methode que nous avons proposee pour realizer un robot aide- soignant . Nous avons Decrit les differentes parties constitutives de ce robot, a savoir l'alimentation , les capteurs , les drivers moteurs , la communication autonomous , ainsi que les differents composants Use in jacket partie de ce Project de fin d'etudes .

Nous avons also explique en detail les differents biocaptors Used for detection and measurement of differences parameters medicine , a savoir le rythme cardiaque , le taux d'oxygenation en oxygen , et la temperature.

Dans le chapitre Suivant , nous allons presenter la realization de notre robot ainsi que les results obtenus .

# PART III

# Concept and realization of robot medical

# Concept and realization of robot medical

## 111.1  Introduction

April avoir effectue une etude theoretical Approfondie de all les equipements qui seront utilises in notre project , nous passions maintenant in the phase of realization . This stage represent an ensemble of defis a relever . Il est done primordial de passer a l'etape de la mise en reuvre concrete de notre project . Pour y parvenir , il est essential d'establishment une methodology Claire pour la realization tant sur le plan material que logiciel . Par la suite, nous procedures aux tests et a leur interpretation afin d'assurer the quality and the good functioning of our service project .

## 111.2  Conception d'un robot aide- soignant

La conception de notre project se divise en deux grandes categories distinctes : d'une part, l'aspect material (hardware), et d'autre part, l'aspect logiciel (software).

### *111.2.1  Lot of hardware*

The material is used in our church project est :

- 2 motor DC (gear motor)
- Three wheels (3 wheels)
- A chassis for robot aid - soignant
- Une card Arduino UNO
- An engine driver L293N
- A detector Max30102
- A detector MLX90614
- A module Bluetooth HC-05
- 3 battery Li-ion1856
- An OLED 0.96 I2C adapter
- Des files (jumpers)
- A table
- 2 panels solaires
- The diodes for protection
- TP4056 lithium battery charger module

### *111.2.2  Lot of software*

Les logiciels utilises in notre project sont : Fritzing, et l'application Android "Bluetooth robot control".

### *111.2.2.1  Fritzing*

Fritzing is a logic of conceptual electronics en open source, il est tellement facile a utiliser que de names personnes l'utilisent pour esquisser des agencements de breadboard ou dessiner of the scheme, car cela peut etre accompli presque also facilement qu'avec a stylo and you paper. This is easy d'utilization does not mean that Fritzing is est unique use for the project d'exemple simples. Il est tout a fait possible de concevoir des projets Assezz complexes with Fritzing, without compromises on the conception. Les principaux Avantages de Fritzing par rapport a d'autres CAO tools and suivants :

- Il est free a utiliser .
- It 's simple and intuitive .
- Fritzing including names bibliotheques de composants provenant de suppliers popular from Adafruit, Sparkfun and Snootlabs .
- It is suitable for Arduino, Raspberry Pi, Beaglebone and SparkCore projects .

Fritzing is a service integrity of production de circuits imprimes (PCB). Il est equal element possible to export the files and use other services [46]

*111.2.2.2        Application Android "Bluetooth robot control*

C'est une application pour laquelle nous avons Congu and develop a system to control the movement of the robot for its displacement Vers la droite, la gauche, avancer et reculer a l'aide d'un Smartphone via Bluetooth, nous l'avons nominee **"Bluetooth robot control"**.

*III.2.2.2.1 Application interface*

Le logiciel a ete Congu aide de la plateforme MIT App Inventor, which facilitates the conception and the development d'applications de maniere simple and ludique . April s'etre inscrit sur la plateforme , nous avons use the tools Available in the lateral bar for creer l'interface utilisateur de l'application , comprenant la conception des boutons pour controler les differentes directions du robot, ainsi qu'un button d'arret to immobilize the robot. L'interface etait donc concue de la mannere suivante :

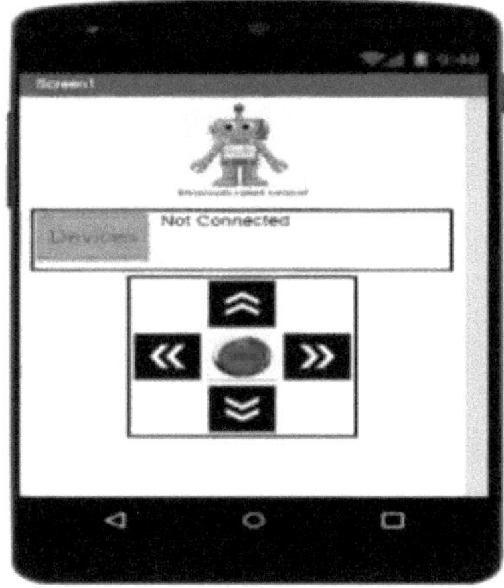


Figure Ш .1 : Interface d'application .

*III.2.2.2.1 Description of the system*

April avoir concn l'interface de l'application, nous avons Procede a l'elaboration d'un algorithme qui regroupe les stages de controle du robot via le Smartphone. Initialement , a recherche des peripheriques available est effectuee en cliquant on the case "devices". A fois la connection Established with the Bluetooth HC-05 detector , the indication "Not Connected" is replaced by "Connected". April avoir verify the connection Bluetooth,il It is possible to control the robot cliquant sur l'un des boutons qui ont ete Added to the algorithm to determine the direction of displacement : avant , arriere , droite, gauche or arrest.

This application est en accord with the code that nous avons Insere dans l'Arduino , ce qui nous a facilite la precision et la fiabilite du controle du robot et de ses directions .

*III.2.2.3 Robot mobile function*

Notre robot se compose d'une party essential , which is a robot mobile. Sa function principale est de se deplacer librement in the four directions of the room with grace command a distance via an application smartphone. Cela facilite la prestation de soins de sante au patient en permanently au robot de se deplacer jusqu'a lui .

Pour realizer ces displacements , nous avons Use four modes of motor function , separately une logic specifiee . Ces modes comprenent Avancer , Reculer , Gauche et Droite. En combinant ces modes, nous obtenons les movements suivants :

Mode Avancer / Reculer : Les deux motors Tournent dans le senses des aiguilles d'une montre pour faire avancer le robot. Inverting the logic of the command , the engines tourneront en Sens contraire, ce qui fera recover the robot.

Mode Gauche/ Droite : Les motors sont alimentes mais ne fonctionnent que d'un seul cote, en fonction de l'orientation souhaitee . For example , if you want the robot to travel a gauche, if the engine of the cote droit functions , tandis that the engine of the cote gauche restera immobile.

En utilisant In these modes of function , notre robot mobile is capable of deplacer with precision and to respond to commands from the application smartphone. Cela permet une best interaction between the robot and the patient, facilitant ainsi la fourniture de soins de sante personnalises et efficaces .

Voici la connection d'application Bluetooth robot control with the capturer de Bluetooth HC-05 ( see Figure III.2)

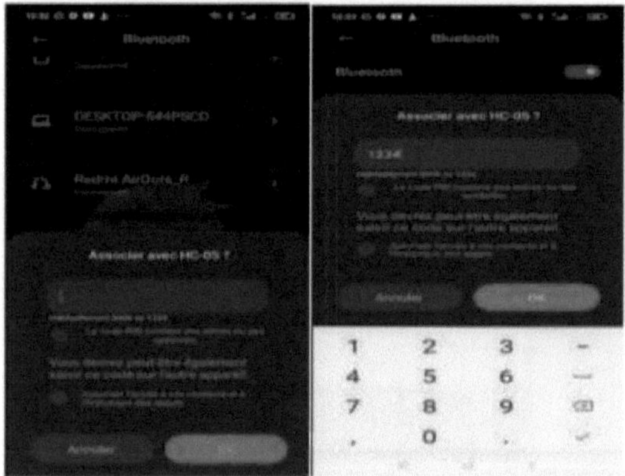

Figure II.2: Connection d'application Bluetooth robot control with the Bluetooth sensor HC-05.

*111.2.2.4     Simulation of the game medicale du robot aide- soignant*

Dans le developmentpement du robot aide- soignant , une attention particuliere est accordee a la partie medicale , qui vise a fournir des fonctionnalites de surveillance et d'assistance medicale . This part comprend deux capteurs medicaux Essentials : the MAX30102 sensor and the MLX90614 sensor . Les donnees Collectees from the MAX30102 and MLX90614 drivers have ensuite information on an OLED screen . Cet affichage permet une visualization Claire and instant information medical importantes , facilitant ainsi le suivi et l'interpretation des donnees pour les professionnels de la sante . The simulation of the game Medical robot assistant , with integration of the MAX30102 and MLX90614 detectors , also has access to the donnies on the OLED monitor , now available l'opportunite d'evaluer la fiabilite et l'efficacite de ces fonctionnalites medical essential . Cela nous permet equal element d'optimiser le global systems du robot aide- soignant en tenant compte des results de la simulation, afin d'offrir une medical assistance precise and de quality .

(La figure III.3) illustrates the simulation of this party medicale realized with the Fritzing logic .

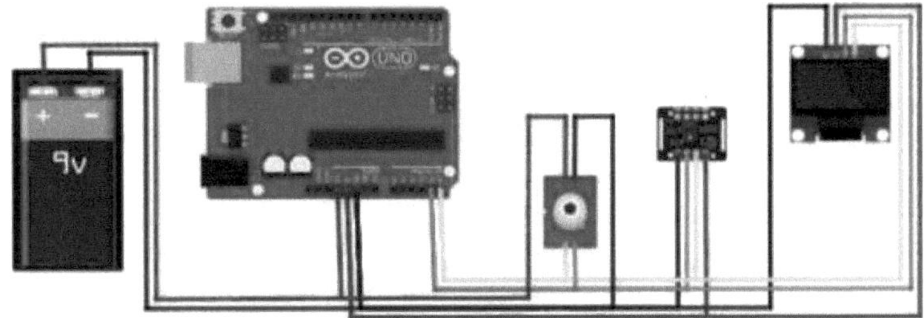

Figure Ш .3 : Simulation de partie medicale du robot aide- soignant

*111.2.2.5      Simulation of robot assistant - soignant*

The block diagram of our robot deja Schematise in the figure II.1 ( voir chapter II) a ete realize and control via Bluetooth utilisable The Arduino UNO and a motor driver L298N. The plus, the measurements of BPM and the SpO2 ont ete Effects on the aid of the MAX30102 sensor , depending on the temperature with the MLX90614 sensor . L'alimentation de ce robot est assuree par des piles rechargeables grace a des panneaux solaris . Enfin , les values mesurees sont Affichees on an OLED screen .

Configuration material :

-      Connection en Series of rechargeable batteries with panneaux solaires , le tout etant Relie par un chargeur TP4056.

Connection of the sortie du circuit des panneaux Solaires aux piles rechargeables, lesquelles sont connectees aux bornes VCC et GND du motor driver pour piloter les motors .

-      Connection of the microcontroller with the captors and motor driver and the two motors DC.

-      The engine driver L298N a ete Connect aux broches appropriees de the Arduino UNO, so that the two motors have the motor driver.

-      The Bluetooth module is available Connect to the Arduino UNO port .

-      The detector MAX30102 a ete Connect to the I2C port on the Arduino UNO.

-      The detector MLX90614 a ete Connect to the Arduino UNO port .

-      L'afficheur OLED a ete Connect to the Arduino UNO port .

Voici la Figure III.4 qui ete simulee a l'aide du logiciel Fritzing et qui presente notre project Ainsi que la connexion de tous les elements:

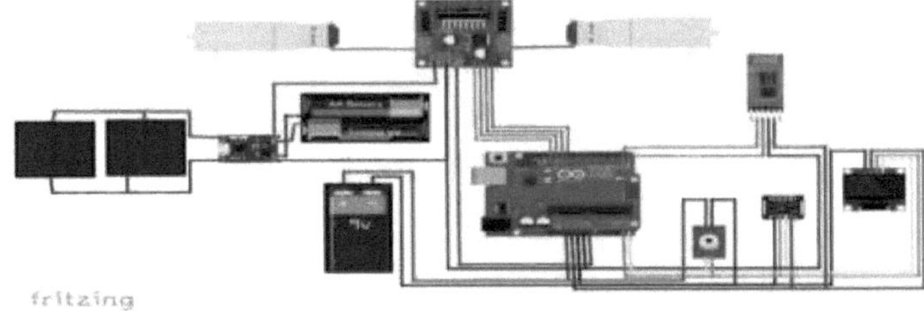

Figure Ш .4 : Schema de cablage des differents composants Used for the realization of a robot aid - soignant with alimentation solarire .

## III.3 Realization of a robot aid - soignant

*III.3.1 Realization of the plateform Electronique de robot aide- soignant*

In the phase of realization of the robot aid- soignant , nous avons connect the two motors in opposition to the engine driver. De plus, the bornes VCC and GND du motor driver ont ete connectees a la sortie du circuit electronique qui comprend deux panneaux Solaires relies on two chargers TP4056, relies on two piles rechargeables. The memes, the bornes GND, 5V, IN1, IN2, IN3 et IN4 sont touts connects to the Arduino Uno. Enfin , nous avons Connect the Bluetooth sensor HC-05 to control the robot and the aid of a smartphone. Pour cela , nous avons Relie the RX pin of the Arduino to the TX pin of the HC-05 capacitor , and the TX pin of the Arduino to the RX pin of the HC-05. De plus, nous avons Connect the VCC pin to the capacitor with 5V, and the GND pin to GND, for the figure III.5 ci-dessous.

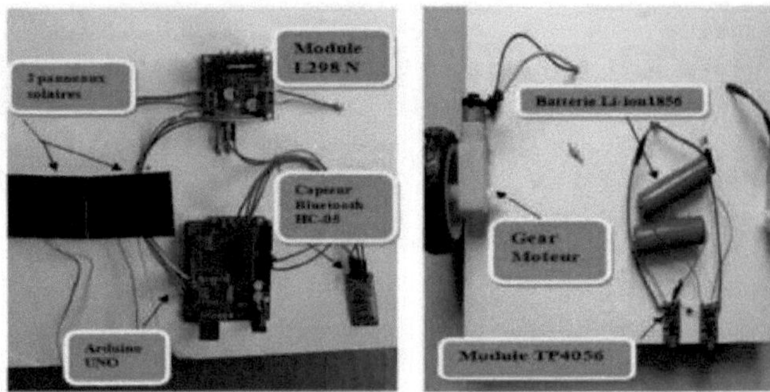


Figure III.5: Realization of the plateform Electronique de robot aide- soignant

Party mobile with alimentation solarire .

*III .3.2 Realization de partie medicale du robot aide- soignant*

La party real for the realization of the part medicale du robot aid- soignant on a plaque d'essai necessité la connection deux capteurs , le MLX90614, le MAX30102, et l'ecran d'affichage OLED.

Pour assurer une communication correcte entre les composants les broches SDA des capteurs et de l'afficheur doivent etre releases a la broche A4 from the Arduino , tandis que les broches SCL doivent etre releases from the A5 broche on the Arduino ( voir la figure III.6).

En ce qui concerne The supply , the VCC and GND broches of the OLED and the capteur MAX30102 doivent etre connectees respectivement aux broches 5 V and GND of the Arduino ( voir la figure III.8). The capturer MLX90614, quanta lui , doit etre alimony en reliant sa Broche VCC a la broche 3.3V from the Arduino et sa Broche GND a la broche GND de l'Arduino ( voir la figure III.6).

This configuration is permet d'establishment une connection appropriee between the capturers and the OLED operator , and assure a correct alimentation of the chaque composant . Ainsi , lors de l'execution de la partie medicale du robot aide- soignant , les capteurs pourront Collect the donnees necessaires and les afficher on the ecran OLED de maniere precise and fiable .

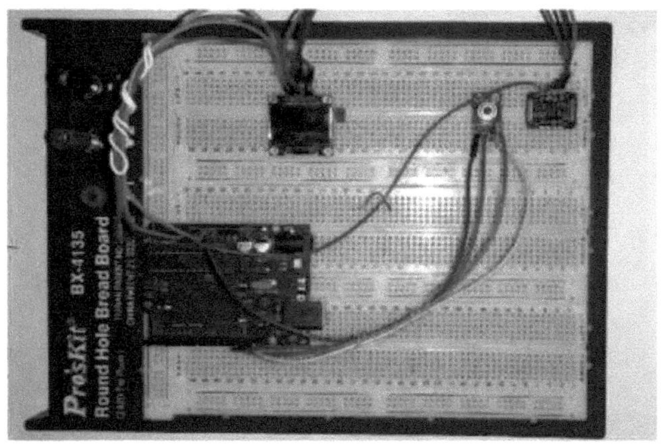

Figure III.6: Realization of the party medicale du robot aide- soignant

*III.3.3 Realization final de robot aide- soignant*

In this phase, nous avons correction connecte tous les elements afin d'obtenir a robot capable of effectuer les suivantes :

The robot is equipped with two motors that continue to work ete connects a motor driver functioning with energy Solar , with a microcontroller . Ils sont Controls via a Bluetooth interface which functions with the code integrated in the microcontroller , permanently Ainsi de determiner les directions et les movements du robot.

Le robot est Equipped with a table that allows the transport of medicines and malades . Cela protects the infirmiers contrary toute infection potentiale et leur apports une assistance supplementaire , ( voir Figure III.7).

Comme il est illustre sur la figure III.7, au sommet du robot (la tete), nous avons Integrate a MAX30102 detector to measure the cardiac and electrical batteries d'oxygene dans le sang des patients en placant leurs doigts sur le capteur . Les results Sont affiches on an ecran OLED ( voir Figure III.7). Tout cela est controle par un code prealablement Programs in the ATmega328 microcontroller . Le robot nous permet Also the body temperature measurement aids the temperature sensor MLX90614 ( see Figure Ш .7), which is connecte Also on the ATmega328 microcontroller and on the OLED monitor . Cependant the capturer Geiger n'a pas ete use , car on n'a pas pu l'acheter a cause de son manque sur le marche Algeria .

The figure III.7 illustre une image du robot realize .

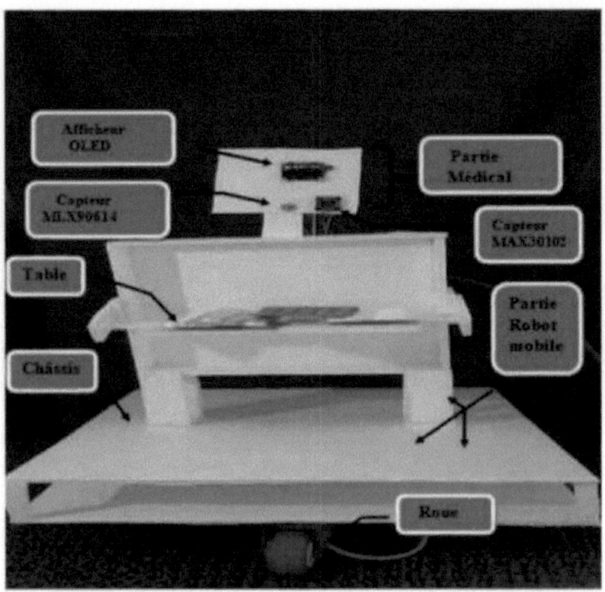


Figure III.7: Robot aide- soignant realize - result final-.

The figure Ш .8 ci-dessous montre l'affichage of the result obtenus : measure your rhythm cardiaque , le taux d'oxygenation , et la temperature en degre C° et en Fahrenheit .

The relationship between the degrees °C and Fahrenheit is according to the formula suivant :

**(0°C x 9/5) + 32 = 32°F**

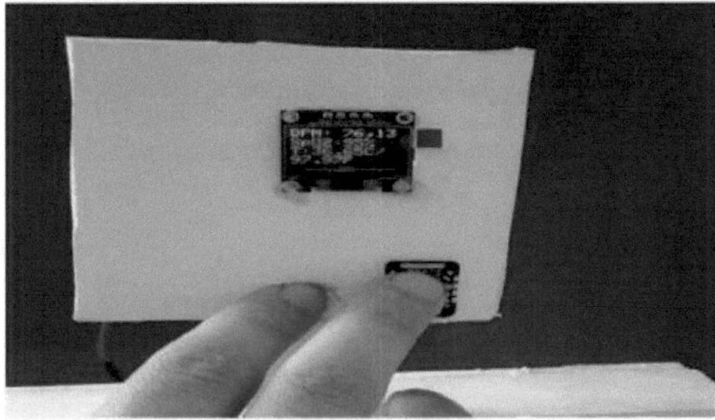

Figure II.8: Affichage of the result obtenus : Le rythme cardiac (BPM), oxygen levels (Spo2), and temperature degre C° et en Fahrenheit (F).

## III.4 Results and discussion

*111.4.1        Result of measuring temperature*

But if you measure the body temperature , connect the temperature sensor MLX90614 to an Arduino card and an OLED screen , as well mentionne precedence . On a cible certain zones du corps qui sont generalement plus representatives de la temperature de base, telles que le front et le poignet , qui donnent des results plus precis que le doigt .

On an effectue des tests de ce capteur sur two people : une person normal ne presentant aucun symptoms no fievre ( voir figure Ш .9), et one autre atteinte de fievre seasonal kidney ( voir figure Ш .10).

### 111.4.1.1    *Pour one personne saine*

Comme il est communement admis, la temperature corporelle d'un individual en bonne sante se situe Generally on the beach between 36°C and 37°C. In the cadre of notre etude using the temperature detector MLX90614, nous avons pu confirmer this beach temperature. En conductor le poignet d'un individual sain verse le capteur ( voir la figure III.9). Le capteur emet un rayonnement infrared rouge a partir d'une source internal and measure le rayonnement infrared rouge reflechi ou emis par le poignet .

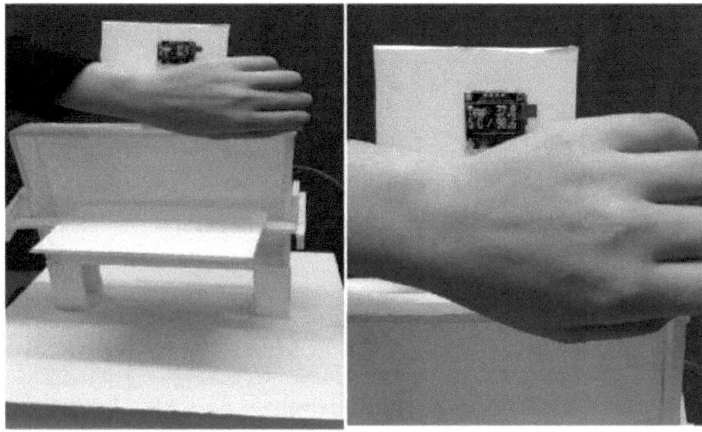

Figure Ш.9 : Measure the temperature at one time person same

### 111.4.1.2    Pour one person malady

The temperature sensor MLX90614 a ete soumis a test on an individual malady present une fievre resultant d'un changement meteorologique soudain qui l'a counter a rester alite ( voir figure III.10). Lors de l'experience with the detector , an augmentation alarmante de la temperature corporelle a ete Observe , incitant ainsi the personne a consultant un medicine en raison de la deterioration de son etat de sante .

The manners generale , the beach of temperature associates a une person malade , infection ou souffrant de fievre seasonal , varying from 38.5°C to 40.5°C. This fourchette est souvenir liee a des conditions medicales necessary une attention medicale . The convenience of noting this ces results sont Specifiques a l'individual teste et ne peuvent etre generalises a tous les cas de la maladie .

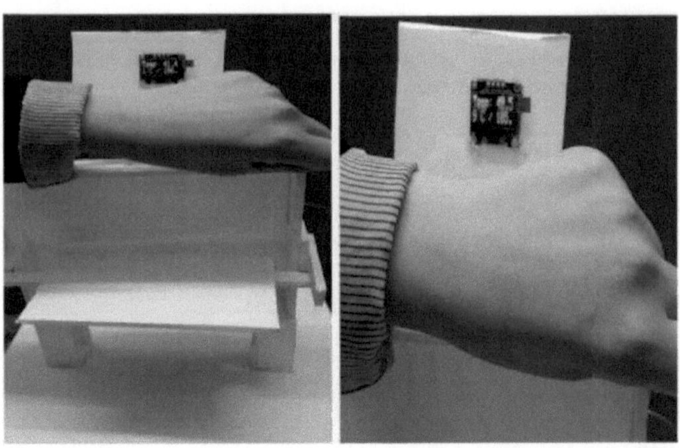

Figure Ш .10 : Temperature d'une person atteinte de fievre seasonal kidney .

*111.4.2        Results of measurements of the battements cardiac HR et le taux d'oxygenation SPO2*

Pour mesurer les battements cardiaques (notes BMP or bien HR) et la saturation en oxygene , nous avons Use the detector MAX30102. This captor is based on the diodes emitting lights Infrared and rouge to quantify the reflection of the light by the singing circulating in the vaisseaux sanguine . Il a ete connect a card to ArduinoUno ainsi This is an OLED device and it is important a ete place sur le capteur . This procedure a ete effectuee a la fois sur one An ordinary person and an athlete can see the difference between the two .

The MAX30102 detector now has the measurements of the cardiac battements and the saturation oxygen with one great precision. Ces donnees facilitant ainsi la surveillance de la sante cardiorespiratory . This method non-invasive measurement of the cardiac and saturating battements oxygens est largement Used in the medical domain for the suivi of the patients, ainsi que in the sporting domain for evaluating the performance and the physical effort . Elle offer des informations in temps reel, permettant de detector d'eventuelles anomalies et de fournir une evaluation precise de la sante cardiorespiratory .

*III.4.2.1 Pour one person athleticique*

Lors de la mesure des battements cardiaques et de la saturation en oxygene chez one person normal and un athlete, on an observation une Stabilite des battements cardiaques chez the athlete , with a general frequency plus bass ( voir figure III.11). Cela est Souvent the result of the adaptation continues du creur et des vaisseaux sanguines a l'entrainement de l'athlete , conduisant a une amelioration de l'efficacite cardiac . Dans certains cas , the cardiac frequency of the athlete peut meme descendre en lingerie de 60 battements par minute, tempo ignant d'une saturation level en Oxygen in the singing, atteignan t jusqu'a 99% ( voir figure III.11).

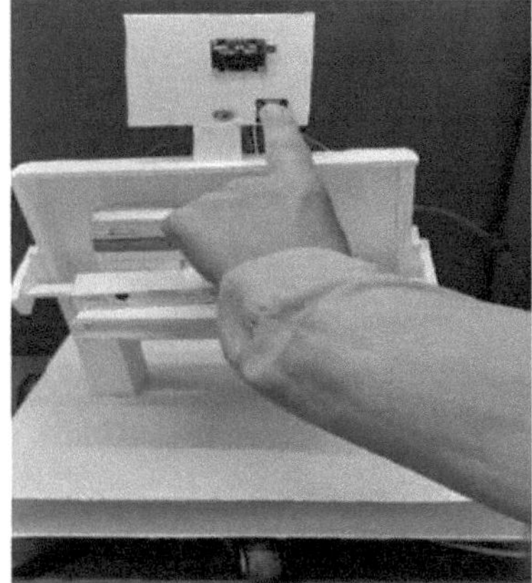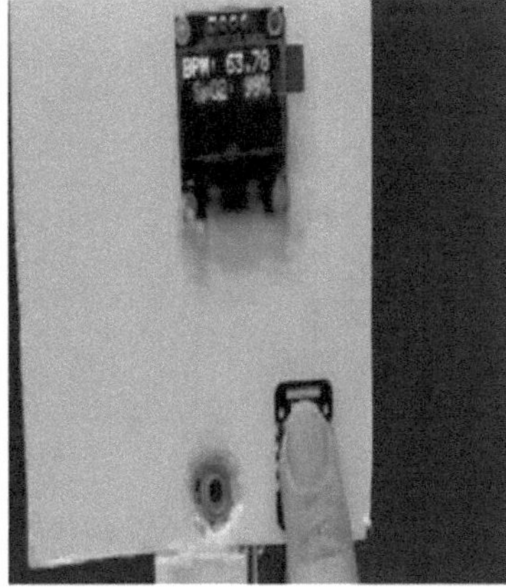

Figure III.11: Battements cardiac and le taux de la saturation en oxygen is an athlete

*III.4.2.2 Pour one person normal*

En ce qui concerne la personne normal , on observation generalement des battements cardiaques plus elevees et unstables , par rapport aux athletes ( voir figures III.11 and III.12) ; par consequent, une saturation en oxygene plus faible dans le sang.

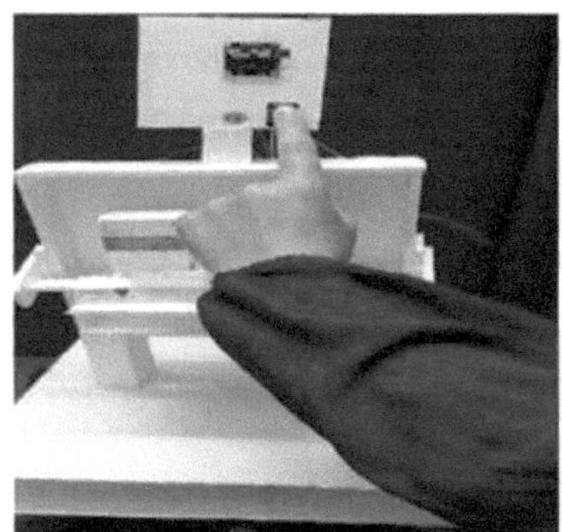

Figure Ш .12 : Cardiac batteries and saturation levels oxygenechez a person normal

It is important to note that the differences observed between the people normal and athletes sont generales et qu'il peut y avoir a variation individual considerable. D'autre part, ces results montrent la precision de mesure du capteur use .

**III.5 Organizational charts of global code**

L'organigramme de code global est donne par la Figure III.13

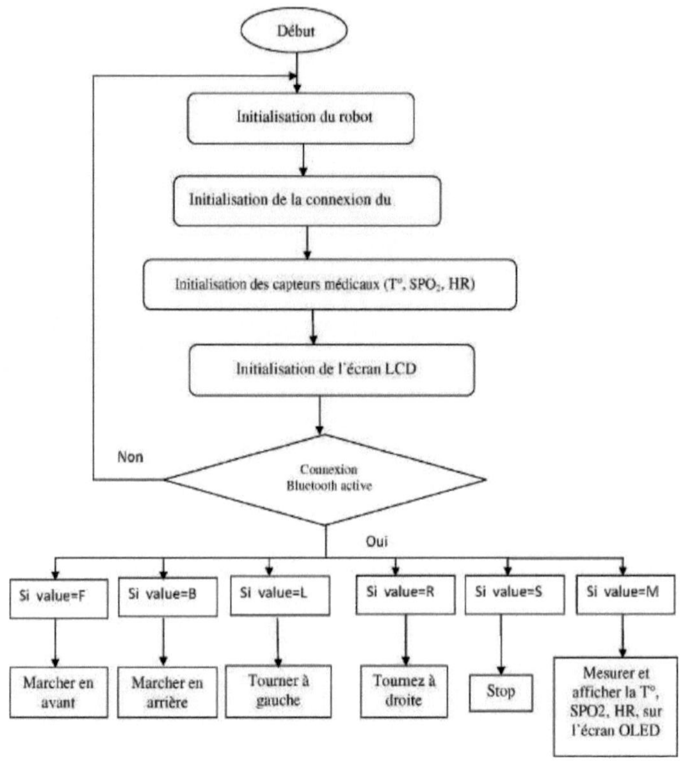


Figure III.13: Organigrams du robot aide- soignant

## III.6 Conclusion

Dans ce chapitre , nous avons present the realization and the results obtenus des taches destines a notre robot aide- soignant , tel la mesure du rythme cardiac HR, le taux de saturation en Oxygen SPO2, the temperature, and the transport of the medication and the instruments exploiter aux soins . Ces mesures sont essential to evaluate the health dune personne , qu'il s'agisse dune person en bonne sante ou d'un malade .

Nous avons decrit en detail le cablage des differents composants Uses and general schema for the realization of the prototype.

## Conclusion general

La robotique medicale It's a domain essentiel , ou les robots sont specialement congus pour assister les professionnels de la sante . For example , the germs contain viruses and bacteria that cause infections. Les gens souffrent d'un grand nombre d'infections , don't la plupart sont contacts , according to the rhume and the virus covid'19.

A l'hopital , des mesures preventives doivent etre prizes to reduce the transmission of the infection dune personne a l'autre . De plus, l'Autorite supreme de la sante favourite The arrival of the new technologies and the recommendation to reduire the name d'employes pour entrienir leur sante . The robot makes part of the solutions proposed .

Dans notre project nous avons Realize a prototype of a robot aid- soignant , capable of transporting medicines, measuring the temperature, the battements cardiaques and the quantity d'oxygene dans le sang.

Notre robot is of type COBOT, it is Autonomous , controle a distance via Bluetooth technology utilisable the Android application .

Cel livre est reparti en three chapters , a general introduction , a general art setting , a general conclusion , and one annexe .

Dans the premier chapitre , nous avons presente des generalites sur les differents types des robots, en mettant l'accent sur leur classification, leurs domaines d' utilisation , and general structure .

Dans le deuxieme chapitre , nous avons decrit In detail the structure of the robot aid is soignant that it is not avons realize . Nous avons Identify the different blocks that make up the food solar , the microcontroller , the autonomous communication , the motors , the drivers, the captors , and the systems d'affichage . Nous avons accorde equal element une attention particuliere a trois composants specifiques Uses : the MLX90614 temperature sensor , the Max 30102 sensor for cardiac frequency measurement and saturation values oxygene . En supplier des informations precises sur chaque composant , son principe de fonctionnement , et en decrivant leurs interconnections.

Enfin , in the dernier chapitre , nous avons present the results obtenus apres la realization de notre le robot aide- soignant , qui integre A table that ports the medicines and the material of the soins des infermiers , et qui incorpore also the functionnalites medical tell us how to measure the temperature and rhythm cardiaques et la saturation en oxygen in the song.

References

[1 ] : Louni L. Etude d'un engin marine nettoyeur , thesis doctoral, Universite Mouloud Mammeri Tizi -Ouzou , 2019

[2]: Ackerman E, Autonomous robots are helping kill coronavirus in hospitals, IEEE spectrum, issue of IEEE, 11Mar 2023.

[3] : Coutance P, Un projecteur infrared miniature dote les robots de la vision Stereoscopique , VIPress.net, l'electronique au quotidien , 2021, Available on site: https://vipress.net/un-projecteur-infrarouge-miniature-dote-les-robots-de- la-vision- stereoscopique / , 06/06/2023.

[4]: https://www.roboticbeast.com/scara/ , 06/06/2023.

[5]: https://www.codian-robotics.com/fr/robot-delta/ , 06/06/2023.

[6]: Evan Ackerman, Figure promise first general purpose humanoid robot, IEEE Spectrum, issue of IEEE, 2 Mars 2023.

[7]: Evan Ackerman, Sanctuary's humanoid robot is for general-purpose autonomy, IEEE Spectrum, issue of IEEE, May 16, 2023.

[8]: https://www.universal-robots.com/fr/blog/quest-ce-que-le-cobot-ou-robot-conaboratif/ , 06/06/2023.

[9]: Williamson R, MIT SoFi : A study in fabrication, target tracking, and control of soft robotic fish, Thesis doctorat , Massachusetts Institute of Technology, 2022.

[10]: Hauser K, Shaw R, How medical robots will help treat patients in future outbreaks, IEEE Spectrum, issue of IEEE, May 4, 2020.

[11]: Dimaio S, Hanuschik M, Kreaden U, Surgical robotics, Springer Boston MA, 2011.

[12]  : https://www.energiedouce.com/content/14-tout-savoir-sur-les-panneaux-solaires , 18/04/2023

[ 13 ] : https://www.amazon.fr/Panneau-Dalimentation-Cellulaire-Silicon-Polycristallin/dp/B08SR36MF2 , 18/04/202

[14] : TP-4056 | Draw2Build (ravindra-job.com ) , 05/20/2023

[15]: https://www.hwlibre.com/fr/tp4056/ , 18/04/2023

[16]: https://zestedesavoir.com/tutoriels/686/arduino-premiers-pas-en-informatique-embarquee /745 les-grandeurs- analogiques /3430 les-entrees- analogiques -de- larduino / , 04/18/2023

[17]: Djemai R, Bekhta H, Realization of a tester of capacity of lithium-ion battery 18650, Master's thesis, University kasdi Merbah Ouargla, 2019.

[18]: Achour Z, Ataoua I, Cooperation des robots mobiles autonomous , Memoire de master, Universite Larbi Ben m'hidi Oum El- bouaghi , 2019.

[19]: Bedadi M, Etude and realization of a vehicle Autonomous , Memoire de master, Universite Badji Mokhtar-Annaba, 2019.

[20]: Hamoudi A, Berkani K, Conception and realization of a robot mobile autonomous , Memoire de master, Universite Mouloud Mammeri de Tizi- Ouzou , 2016.

[21]: Nussey J, Denis D, Stephane B, Arduino pour les Nuls , Edition poche, First interactive, 2015.

[22]: Oumaya A, Hadjaj FA, Rouai R, Etude et realization d'un robot mobile multi taches destine au domaine agricole , Memoire de master, Universite Kasdi Merbah Ouargla, 2021.

[23]: Yin L, Wang F, Han S, Li Y, Sun H, Lu Q, Yang C, Application of drive circuit based on L298N in direct current motor speed control system, Advanced laser manufacturing technology, Vol. 10153, pp 1-7 , 2016.

[24]: Nabeel KA, Azeez MA, Build and interface internet mobile robot using raspberry pi and arduino , Innovative systems design and engineering, Vol.6, No.1, pp106-114, 2015.

[25]: Khireddine MA, Drihem N, Controle d'un robot mobile, Memoire de master, Universite Abou Bekr Belkaid Tlemcen , 2015.

[26]: Bounadja E, Modelisation des machines electriques , Polycopie de cours et exercices , Universite Hassiba Benbouali de Chlef , 2018.

[27]: Fiche technique du motoreur a engrenages html ] ,

[28]: https://arduino-france.site/bluetooth-hc-05/ ,1 8/04/2018

[29]: Kessari A, Djafer KI, Etude and realization of a robot mobile a trajectory programs with eviteur d'obstacles , Memoire de master, Universite Akli Mohand Oulhadj - Bouira , 2019.

[30]:https://www.aranacorp.com/fr/votre-arduino-communique-avec-le-module-hc-05/18/05/2023.

[31]: https://www.radiation-dosimetry.org/fr/quest-ce-que-geiger-counter-detecteur-geiger-mueller-definition/ ,18/04/2023

[32]: http://res-nlp.univ-lemans.fr/NLP C M13 G03/co/grain3-2-0.html ,18/04/2023

[33] : https://www.pascalchour.fr/ressources/cgm/cgm.html ,4/6/2023

[34 ] : Find out the radiation detector DIY kit for Arduino compatiblever 3.00, ( Consult on May 20, 2023),        Available
sur  : https://forums.futurasciences.com/attachments/
electronique /311941d1460879809-reproduction-buck- boost-haute-tension- arduino -
compatible-diy-geiger-counter-module-3.00.pdf

[35]      :        https://electronics.stackexchange.com/questions/388907/arduino-geiger-counter ,4/6/2023

[36] : Ouakaf K, Larbes W, Mouetsi S, Conception and realization of a thermometer infrared rouge Parlant sans contact with intelligent gel distributor , Memoire de master, Universite Larbi
Ben M'hidi Oum El Bouaghi , 2021.

[37] :        https://learn.sparkfun.com/tutorials/mlx90614-ir-thermometer-hookup-guide/all ,4/6/2023

[38] : Fichier technique du capteur MLX90614, ( Consult on May 20, 2023), Available
on: https://joy-it.net/files/files/Products/SEN-IR-TEMP/SEN-IR-
TEMP Manual 2022-04-27.pdf

[39] : Rahman N, Arnes YV, At a-glance prototype m- thermobody with sensor MLX90614 and arduino , Polycopie de cours , Universitas Bandar Lampung, 2020.

[40] : Liszulfah R, Haflan I, Nursabrina F, Nailufar A, Ghina E, Sofyan AS, Measuring room and object temperature using MLX90614 infrared temperature based on arduino , Time in physics, Vol.1, No.1, pp 37-41, 2023.

[41] : Margarini R, Wahyu S S , Surtono A, Pauzi DG, Rancang bangun prototype keamanan ruang laboratory dengan pintu otomatis menggunakan sensor suhu MLX90614 overbase arduino atmega 2560, Journal of energy material instrumentation technology, Vol.2, No.4, pp 116-124, 2021.

[42] : Bento AC, An experimental survey with node MCU12e+ shield with tft nextion and MAX30102 sensor , 11th IEEE Annual information technology electronics and mobile communication conference IEEE, 2020.

[43] : Adrian MA, Mochamad RW, Rini SK, Health monitoring system dengan indicator suhu tubuh d etak jantung dan saturasi oksigen berbasis internet of things (IoT ) , Journal petik ,

Vol.7, No.2, pp 108-118, 2021.

[44    ]:https://circuitdigest.com/microcontroller-projects/how-max30102-pulse-oximeter-and-heart-rate-sensor-works-and-how-to-interface-with-arduino , 4 /6 / 2023

[45 ]: Fichier technique du captureur Max30102, ( Consult on May 20, 2023), Available on :
https://datasheets.maximintegrated.com/en/ds/MAX30102.pdf

[46]: Sofiane, Mezioud , and Medani Hamza. Conception and realization of a mobile robot based on an Arduino card . Diss. Universite Mouloud Mammeri, 2017.

# Annex
## Data sheet TP4056

南京拓微集成电路有限公司
NanJing Top Power ASIC Corp.

## TP4056    1A Standalone Linear Li-Ion Battery Charger with Thermal Regulation in SOP-8

### DESCRIPTION

The TP4056 is a complete constant-current/constant-voltage linear charger for single cell lithium-ion batteries. Its SOP package and low external component count make the TP4056 ideally suited for portable applications. Furthermore, the TP4056 can work within USB and wall adapter.

No blocking diode is required due to the internal PMOSFET architecture and have prevent to negative Charge Current Circuit. Thermal feedback regulates the charge current to limit the die temperature during high power operation or high ambient temperature. The charge voltage is fixed at 4.2V, and the charge current can be programmed externally with a single resistor. The TP4056 automatically terminates the charge cycle when the charge current drops to 1/10th the programmed value after the final float voltage is reached.

TP4056 Other features include current monitor, under voltage lockout, automatic recharge and two status pin to indicate charge termination and the presence of an input voltage.

### FEATURES

- Programmable Charge Current Up to 1000mA
- No MOSFET, Sense Resistor or Blocking Diode Required
- Complete Linear Charger in SOP-8 Package for Single Cell Lithium-Ion Batteries
- Constant-Current/Constant-Voltage
- Charges Single Cell Li-Ion Batteries Directly from USB Port
- Preset 4.2V Charge Voltage with 1.5% Accuracy
- Automatic Recharge
- two Charge Status Output Pins
- C/10 Charge Termination
- 2.9V Trickle Charge Threshold (TP4056)
- Soft-Start Limits Inrush Current
- Available **Radiator** in 8-Lead SOP Package, **the Radiator need** connect GND or impending

### ABSOLUTE MAXIMUM RATINGS

- Input Supply Voltage($V_{CC}$): -0.3V~8V
- TEMP: -0.3V~10V
- CE: -0.3V~10V
- BAT Short-Circuit Duration: Continuous
- BAT Pin Current: 1200mA
- PROG Pin Current: 1200uA
- Maximum Junction Temperature: 145℃
- Operating Ambient Temperature Range: -40℃~85℃
- Lead Temp.(Soldering, 10sec): 260℃

### APPLICATIONS

- Cellular Telephones, PDAs, GPS
- Charging Docks and Cradles
- Digital Still Cameras, Portable Devices
- USB Bus-Powered Chargers,Chargers

### PACKAGE/ORDER INFORMATION

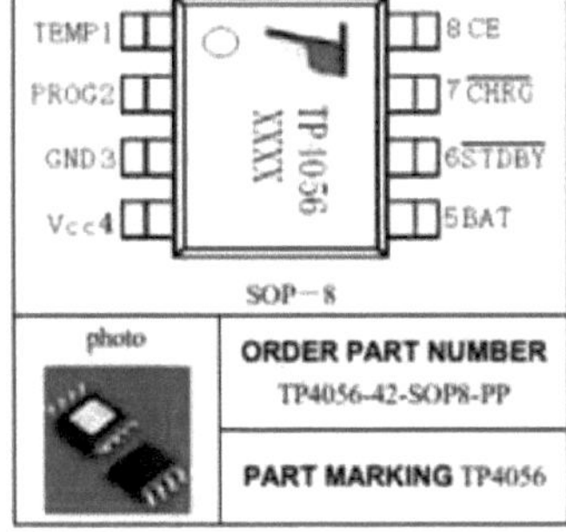



### Complete Charge Cycle (1000mAh Battery)

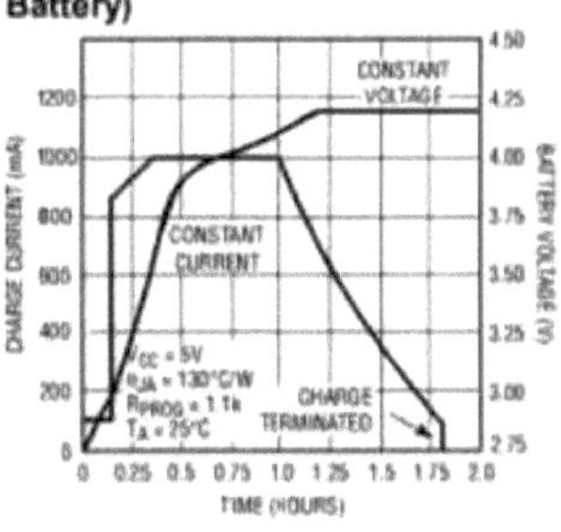

# L298

## DUAL FULL-BRIDGE DRIVER

- OPERATING SUPPLY VOLTAGE UP TO 46 V
- TOTAL DC CURRENT UP TO 4 A
- LOW SATURATION VOLTAGE
- OVERTEMPERATURE PROTECTION
- LOGICAL "0" INPUT VOLTAGE UP TO 1.5 V
  (HIGH NOISE IMMUNITY)

### DESCRIPTION

The L298 is an integrated monolithic circuit in a 15-lead Multiwatt and PowerSO20 packages. It is a high voltage, high current dual full-bridge driver designed to accept standard TTL logic levels and drive inductive loads such as relays, solenoids, DC and stepping motors. Two enable inputs are provided to enable or disable the device independently of the input signals. The emitters of the lower transistors of each bridge are connected together and the corresponding external terminal can be used for the con-

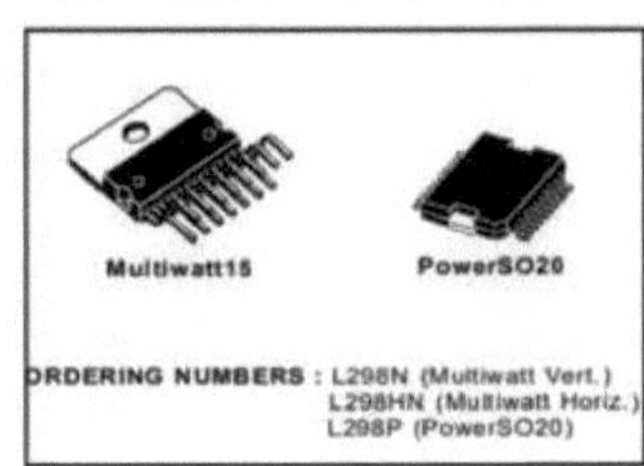



nection of an external sensing resistor. An additional supply input is provided so that the logic works at a lower voltage.

### BLOCK DIAGRAM

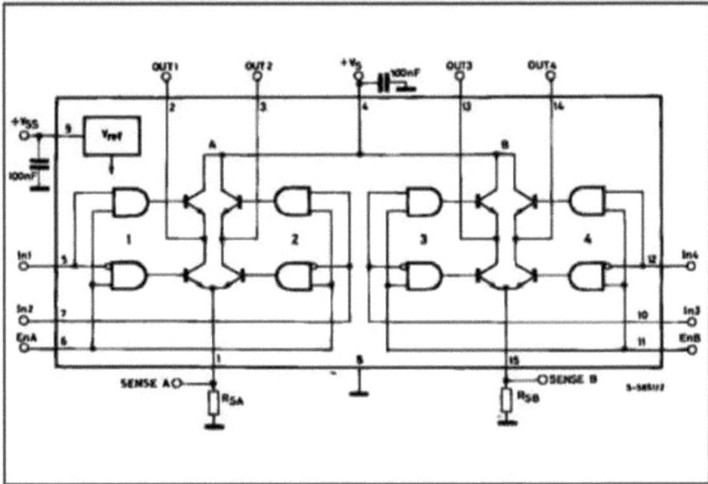

## ABSOLUTE MAXIMUM RATINGS

| Symbol | Parameter | Value | Unit |
|---|---|---|---|
| $V_S$ | Power Supply | 50 | V |
| $V_{SS}$ | Logic Supply Voltage | 7 | V |
| $V_i, V_{en}$ | Input and Enable Voltage | −0.3 to 7 | V |
| $I_O$ | Peak Output Current (each Channel)<br>− Non Repetitive (t = 100μs)<br>−Repetitive (80% on −20% off, $t_{on}$ = 10ms)<br>−DC Operation | 3<br>2.5<br>2 | A<br>A<br>A |
| $V_{sens}$ | Sensing Voltage | −1 to 2.3 | V |
| $P_{tot}$ | Total Power Dissipation ($T_{case}$ = 75°C) | 25 | W |
| $T_{op}$ | Junction Operating Temperature | −25 to 130 | °C |
| $T_{stg}, T_j$ | Storage and Junction Temperature | −40 to 150 | °C |

## PIN CONNECTIONS (top view)

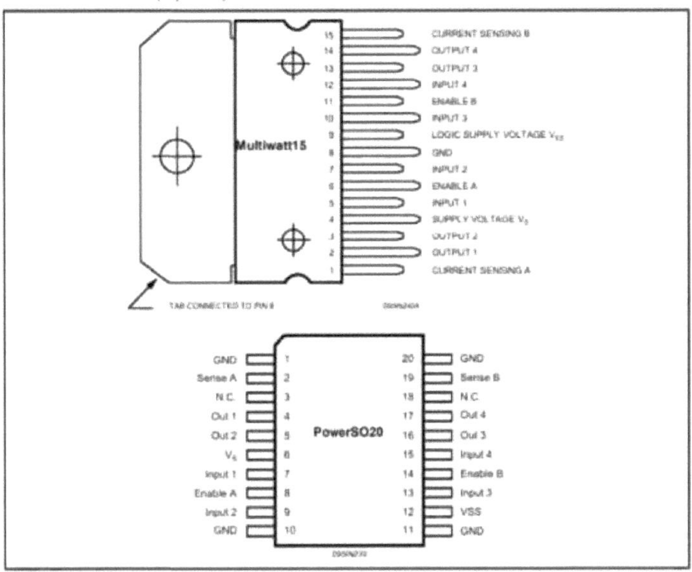


## THERMAL DATA

| Symbol | Parameter | | PowerSO20 | Multiwatt15 | Unit |
|---|---|---|---|---|---|
| $R_{th\ j-case}$ | Thermal Resistance Junction-case | Max. | – | 3 | °C/W |
| $R_{th\ j-amb}$ | Thermal Resistance Junction-ambient | Max. | 13 (*) | 35 | °C/W |

(*) Mounted on aluminium substrate

# Datasheet HC -05

# HC-05

## -Bluetooth to Serial Port Module

## Overview

HC-05 module is an easy to use Bluetooth SPP (Serial Port Protocol) module, designed for transparent wireless serial connection setup.

Serial port Bluetooth module is fully qualified Bluetooth V2.0+EDR (Enhanced Data Rate) 3Mbps Modulation with complete 2.4GHz radio transceiver and baseband. It uses CSR Bluecore 04-External single chip Bluetooth system with CMOS technology and with AFH(Adaptive Frequency Hopping Feature). It has the footprint as small as 12.7mmx27mm. Hope it will simplify your overall design/development cycle.

## Specifications

### Hardware features

- Typical -80dBm sensitivity
- Up to +4dBm RF transmit power
- Low Power 1.8V Operation ,1.8 to 3.6V I/O
- PIO control
- UART interface with programmable baud rate
- With integrated antenna
- With edge connector

| PIN Name | PIN # | Pad type | Description | Note |
|---|---|---|---|---|
| GND | 13 21 22 | VSS | Ground pot | |
| 3.3 VCC | 12 | 3.3V | Integrated  3.3V (+) supply with On-chip linear regulator output within 3.15-3.3V | |
| AIO0 | 9 | Bi-Directional | Programmable input/output line | |
| AIO1 | 10 | Bi-Directional | Programmable input/output line | |
| PIO0 | 23 | Bi-Directional RX EN | Programmable input/output line, control output for LNA(if fitted) | |
| PIO1 | 24 | Bi-Directional TX EN | Programmable input/output line, control output for PA(if fitted) | |

# Data sheet MAX 30102

Click here for production status of specific part numbers

**MAX30102**

## High-Sensitivity Pulse Oximeter and Heart-Rate Sensor for Wearable Health

### General Description

The MAX30102 is an integrated pulse oximetry and heart-rate monitor module. It includes internal LEDs, photodetectors, optical elements, and low-noise electronics with ambient light rejection. The MAX30102 provides a complete system solution to ease the design-in process for mobile and wearable devices.

The MAX30102 operates on a single 1.8V power supply and a separate 3.3V power supply for the internal LEDs. Communication is through a standard I²C-compatible interface. The module can be shut down through software with zero standby current, allowing the power rails to remain powered at all times.

### Applications

- Wearable Devices
- Fitness Assistant Devices
- Smartphones
- Tablets

### Benefits and Features

- Heart-Rate Monitor and Pulse Oximeter Sensor in LED Reflective Solution
- Tiny 5.6mm x 3.3mm x 1.55mm 14-Pin Optical Module
  - Integrated Cover Glass for Optimal, Robust Performance
- Ultra-Low Power Operation for Mobile Devices
  - Programmable Sample Rate and LED Current for Power Savings
  - Low-Power Heart-Rate Monitor (< 1mW)
  - Ultra-Low Shutdown Current (0.7µA, typ)
- Fast Data Output Capability
  - High Sample Rates
- Robust Motion Artifact Resilience
  - High SNR
- -40°C to +85°C Operating Temperature Range

*Ordering Information appears at end of data sheet.*

### System Diagram

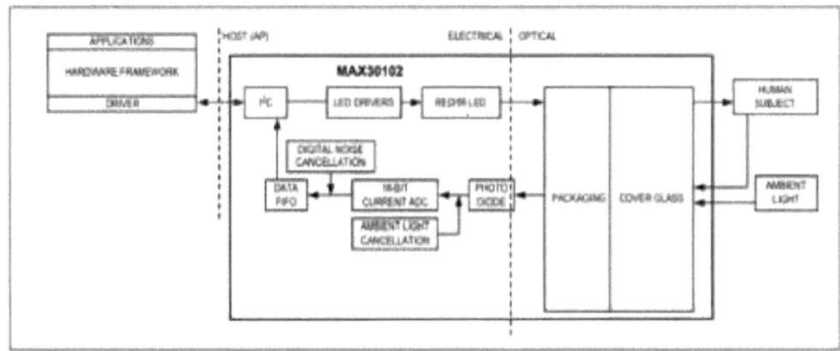

## Functional Diagram

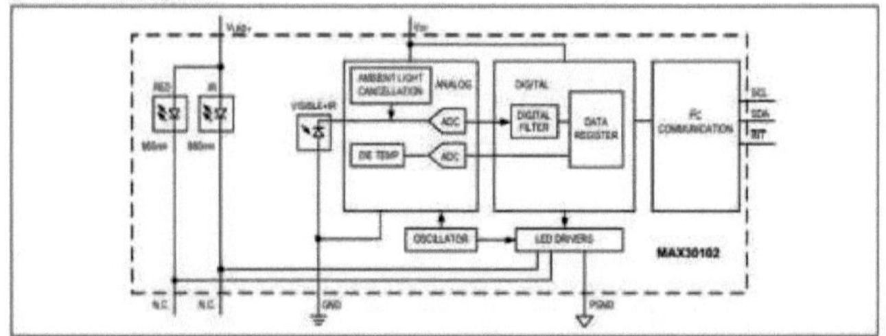

## Detailed Description

The MAX30102 is a complete pulse oximetry and heart-rate sensor system solution module designed for the demanding requirements of wearable devices. The device maintains a very small solution size without sacrificing optical or electrical performance. Minimal external hardware components are required for integration into a wearable system.

The MAX30102 is fully adjustable through software registers, and the digital output data can be stored in a 32-deep FIFO within the IC. The FIFO allows the MAX30102 to be connected to a microcontroller or processor on a shared bus, where the data is not being read continuously from the MAX30102's registers.

### SpO$_2$ Subsystem

The SpO$_2$ subsystem of the MAX30102 contains ambient light cancellation (ALC), a continuous-time sigma-delta ADC, and a proprietary discrete time filter. The ALC has an internal Track/Hold circuit to cancel ambient light and increase the effective dynamic range. The SpO$_2$ ADC has programmable full-scale ranges from 2µA to 16µA. The ALC can cancel up to 200µA of ambient current.

The internal ADC is a continuous time oversampling sigma-delta converter with 18-bit resolution. The ADC

sampling rate is 10.24MHz. The ADC output data rate can be programmed from 50sps (samples per second) to 3200sps.

### Temperature Sensor

The MAX30102 has an on-chip temperature sensor for calibrating the temperature dependence of the SpO$_2$ subsystem. The temperature sensor has an inherent resolution of 0.0625°C.

The device output data is relatively insensitive to the wavelength of the IR LED, where the Red LED's wavelength is critical to correct interpretation of the data. An SpO$_2$ algorithm used with the MAX30102 output signal can compensate for the associated SpO$_2$ error with ambient temperature changes.

### LED Driver

The MAX30102 integrates Red and IR LED drivers to modulate LED pulses for SpO$_2$ and HR measurements. The LED current can be programmed from 0 to 50mA with proper supply voltage. The LED pulse width can be programmed from 69µs to 411µs to allow the algorithm to optimize SpO$_2$ and HR accuracy and power consumption based on use cases.

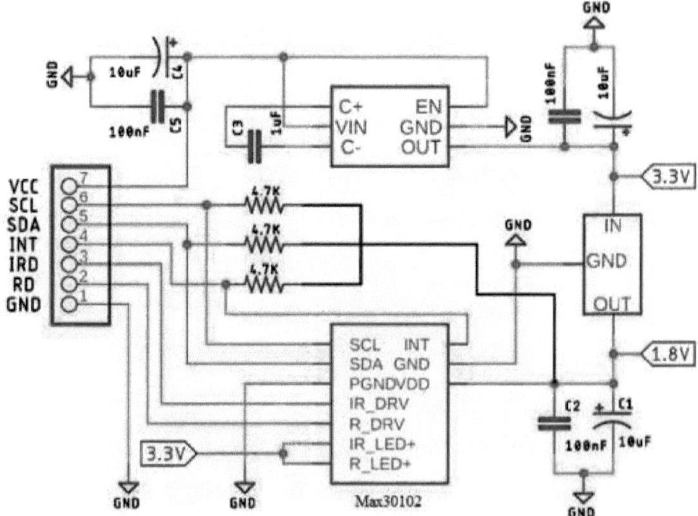

# Datasheet MLX 90614

# MLX90614 family
### Single and Dual Zone
### Infra Red Thermometer in TO-39

## Features and Benefits

- Small size, low cost
- Easy to integrate
- Factory calibrated in wide temperature range:
  -40 to 125 °C for sensor temperature and
  -70 to 380 °C for object temperature.
- High accuracy of 0.5°C over wide temperature range (0..+50°C for both Ta and To)
- High (medical) accuracy calibration
- Measurement resolution of 0.02°C
- Single and dual zone versions
- SMBus compatible digital interface
- Customizable PWM output for continuous reading
- Available in 3V and 5V versions
- Simple adaptation for 8 to 16V applications
- Power saving mode
- Different package options for applications and measurements versatility
- Automotive grade

## Applications Examples

- High precision non-contact temperature measurements;
- Thermal Comfort sensor for Mobile Air Conditioning control system;
- Temperature sensing element for residential, commercial and industrial building air conditioning;
- Windshield defogging;
- Automotive blind angle detection;
- Industrial temperature control of moving parts;
- Temperature control in printers and copiers;
- Home appliances with temperature control;
- Healthcare;
- Livestock monitoring;
- Movement detection;
- Multiple zone temperature control – up to 100 sensors can be read via common 2 wires
- Thermal relay/alert
- Body temperature measurement

## Ordering Information

| Part No. | Temperature Code | Package Code | - Option Code |
|---|---|---|---|
| MLX90614 | E (-40°C to 85°C) | SF (TO-39) | - X  X  X |
|  | K (-40°C to 125°C) |  | (1) (2) (3) |

(1) Supply Voltage/ Acccuracy
A - 5V
B - 3V
C - Reserved
D - 3V medical accuracy

(2) Number of thermopiles:
A – single zone
B – dual zone

(3) Package options:
A – Standard package
B – Reserved
C – 35° FOV

**Example:**
MLX90614ESF-BAA

## 1 Functional diagram

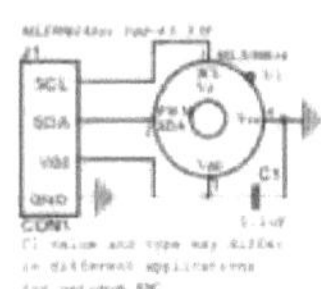

*MLX90614 connection to SMBus*

Figure 1 Typical application schematics

## 2 General Description

The MLX90614 is an Infra Red thermometer for non contact temperature measurements. Both the IR sensitive thermopile detector chip and the signal conditioning ASSP are integrated in the same TO-39 can.

Thanks to its low noise amplifier, 17-bit ADC and powerful DSP unit, a high accuracy and resolution of the thermometer is achieved.

The thermometer comes factory calibrated with a digital PWM and SMBus (System Management Bus) output.

As a standard, the 10-bit PWM is configured to continuously transmit the measured temperature in range of -20 to 120 °C, with an output resolution of 0.14 °C and the POR default is SMBus.

Printed by Books on Demand GmbH, Norderstedt / Germany